中等职业学校公共基础课程配套教材

信息技术学习指导与练习

（上册）

主　编◎苏伟斌　习燕菲　傅伟司
副主编◎李志军　石晋阳　张景文
参　编◎张屹峰　龙小梅

电子工业出版社
Publishing House of Electronics Industry
北京·BEIJING

内 容 简 介

本书基于《中等职业学校信息技术课程标准》基础模块第 1~3 单元的学习要求编写，紧密联系信息技术课程教学的实际，适当扩大学生的学习视野，突出技能和动手能力训练，重视提升学科核心素养，符合中职学生认知规律和学习信息技术的要求。

书中内容以强化信息技术应用基础、网络应用和图文编辑的系统性知识，提升计算机操作、文件管理、网络应用和图文编辑能力为目的，既是课堂教学的扩展和实训操作的延续，也是对学习成果的具体检验，同时相关学习对强化学科核心素养有极大的帮助作用。

本书与中等职业学校各专业的公共基础课《信息技术（基础模块）（上册）》教材配套使用，也可作为强化信息技术应用的训练教材。

未经许可，不得以任何方式复制或抄袭本书之部分或全部内容。
版权所有，侵权必究。

图书在版编目（CIP）数据

信息技术学习指导与练习. 上册 / 苏伟斌，习燕菲，傅伟司主编. —北京：电子工业出版社，2022.7

ISBN 978-7-121-43617-8

Ⅰ.①信… Ⅱ.①苏… ②习… ③傅… Ⅲ.①电子计算机—中等专业学校—教学参考资料 Ⅳ.①TP3

中国版本图书馆 CIP 数据核字（2022）第 094467 号

责任编辑：寻翠政
印　　刷：三河市双峰印刷装订有限公司
装　　订：三河市双峰印刷装订有限公司
出版发行：电子工业出版社
　　　　　北京市海淀区万寿路 173 信箱　邮编　100036
开　　本：880×1 230　1/16　印张：9.25　字数：236.8 千字
版　　次：2022 年 7 月第 1 版
印　　次：2022 年 7 月第 1 次印刷
定　　价：29.80 元

凡所购买电子工业出版社图书有缺损问题，请向购买书店调换。若书店售缺，请与本社发行部联系，联系及邮购电话：（010）88254888，88258888。
质量投诉请发邮件至 zlts@phei.com.cn，盗版侵权举报请发邮件至 dbqq@phei.com.cn。
本书咨询联系方式：（010）88254591，xcz@phei.com.cn。

前言

本书基于《中等职业学校信息技术课程标准》基础模块第 1~3 单元的学习要求编写，紧密联系信息技术课程教学的实际，适当扩大学生的学习视野，突出技能和动手能力训练，重视提升学科核心素养，符合中职学生认知规律和学习信息技术的要求。

书中内容以强化信息技术应用基础、网络应用和图文编辑的系统性知识，提升计算机操作、文件管理、网络应用和图文编辑能力为目的，以课堂教学扩展、操作训练延续为手段，从而检验课堂学习成果。相关学习与练习对强化学科核心素养有极大的帮助作用。

在本书编写中，力求突出以下特色。

1．注重课程思政。本书将课程思政贯穿于练习全过程，以润物无声的方式引导学生树立正确的世界观、人生观和价值观。

2．贯穿核心素养。本书以建立系统的知识与技能体系、提高实际操作能力、培养学科核心素养为目标，强调动手能力和互动学习，更能引起学生的共鸣，逐步增强信息意识、提升信息素养。

3．强化专业训练。紧贴信息技术课程标准的要求，组织编写知识和技能试题，通过有针对性的练习，让学生能在短时间内提升知识与技能水平，对于学时较少的非专业学生也有更强的适应性。

4．跟进最新知识。涉及信息技术的各种问题大多与技术关联紧密，本书以最新的信息技术为内容，关注学生未来发展，符合社会应用要求。

5．关注学生发展。本书在内容编排上兼顾学生职业发展，将操作、理论和应用三者紧密结合，满足学生考证和升学的需要，提高学生学习兴趣，培养学生的独立思考能力及创新能力。

本书的习题答案（可登录华信教育资源网免费获取）仅给出答题参考，鼓励学生充分发挥主观能动性，积极探索扩展答题视角，从而得到有创意的答案。本书任务考核中的学业质量水平考核标准也仅给出定性参考，定量标准可根据具体教学情况进行量化。学生在使用教材的过程中，可根据自身情况适当延伸学习内容，达到开阔视野、强化职业技能的目的。

本书由苏伟斌、习燕菲、傅伟司担任主编，李志军、石晋阳、张景文担任副主编，张屹峰、龙小梅参与了编写。其中，第 1 章任务 1～3 由习燕菲编写、任务 4 由龙小梅编写、任务 5～6 由张屹峰编写；第 2 章任务 1～2 由苏伟斌编写、任务 3～4 由李志军编写、任务 5～6 由石晋阳编写；第 3 章任务 1～3 由傅伟司编写、任务 5～6 由张景文编写。全书由苏伟斌、习燕菲、傅伟司负责统稿。

书中难免存在不足之处，敬请读者批评指正。

编　者

目 录

第1章 信息技术应用基础 ... 001

- 任务1 认知信息技术与信息社会 ... 001
- 任务2 认识信息系统 ... 009
- 任务3 选用和连接信息技术设备 ... 017
- 任务4 使用操作系统 ... 025
- 任务5 管理信息资源 ... 032
- 任务6 维护系统 ... 039

第2章 网络应用 ... 048

- 任务1 认识网络 ... 048
- 任务2 配置网络 ... 056
- 任务3 获取网络资源 ... 063
- 任务4 网络交流与信息发布 ... 069
- 任务5 运用网络工具 ... 075
- 任务6 了解物联网 ... 083

第3章 图文编辑 ... 092

- 任务1 操作图文编辑软件 ... 092
- 任务2 设置文本格式 ... 102
- 任务3 制作表格 ... 114
- 任务4 绘制图形 ... 124
- 任务5 编排图文 ... 132

第1章 信息技术应用基础

本章共有 6 个任务，任务 1 介绍信息技术的基本概念、应用领域，帮助同学们了解信息社会的道德和法律的约束。任务 2 帮助同学们了解计算机软硬件结构，学会不同进位计数制之间的数制转换。任务 3 帮助同学们了解信息技术设备，学会正确地配置设备。任务 4 帮助同学们了解常见的几种操作系统，并掌握操作系统的常用功能，学会维护计算机系统。任务 5 帮助同学们学会文件的常见操作，如检索、压缩等。任务 6 帮助同学们掌握配置系统终端，测试和维护系统。

任务 1　认知信息技术与信息社会

◆ **知识、技能练习目标**

1. 理解信息技术的概念和发展历程，信息技术的应用及对人们生活、生产等方面的影响；
2. 了解信息社会的特征和相应的文化、信息社会存在的问题及法律约束；
3. 了解信息社会的发展趋势和智慧社会的前景。

◆ **核心素养目标**

1. 培养和增强信息意识；
2. 增强信息社会的法律意识和责任意识。

◆ **课程思政目标**

1. 遵纪守法、文明守信；
2. 自觉践行社会主义核心价值观。

一、学习重点和难点

1. 学习重点

(1) 信息技术概念及应用；

(2) 信息技术的特征；

(3) 信息社会应遵循的法律规范和道德准则。

2. 学习难点

(1) 信息社会文化；

(2) 信息社会发展前景。

二、学习案例

案例 1：居家学习

受新冠肺炎疫情的影响，小华不能按时返回课堂，但这不影响小华的学习，通过网络开展教学，让小华做到了"停课不停学"。

停课不停学是指因特殊原因，在特殊时期全体学生不能到学校上课，利用网络平台教学，实现老师们在网上教、学生们在网上学网络课程的居家学习方式。

小华在深入思考以下问题：

(1) 居家学习和课堂教学各有什么优缺点？

(2) 居家学习对个人的自律有哪些要求？

案例 2：网上生活

周末，小华约同学爬山，他想通过网约车解决出行问题，通过外卖解决用餐问题。

随着网络的发展，人们的日常生活都可以通过网络进行，方便又快捷。出行只需要带手机就可以解决一切问题。

网上生活是指利用网络完成线下的各种社会活动，如购物、交友、娱乐等，使传统生活模式网络化，生活资源信息化。

小华在深入思考以下问题：

(1) 网上生活可能引发哪些负面问题？如何防范？

(2) 网上生活有哪些法律、道德约束？

三、练习题

(一) 选择题

1. 当今的信息技术，主要是指（　　）。
   A．计算机和网络通信技术　　　B．计算机技术
   C．网络技术　　　　　　　　　D．多媒体技术

2. 信息处理的六个基本环节除采集、传输、加工外，还有（　　）。
   A．存储、输入、输出　　　　　B．存储、输入、打印
   C．存储、运算、输出　　　　　D．输出、运算、输出

3. 信息处理时，（　　）信息相对较小。
   A．文字　　　　　　　　　　　B．图片
   C．声音　　　　　　　　　　　D．电影

4. 下列行为违反《计算机软件保护条例》的是（　　）。
   A．把正版软件任意复制给他人使用
   B．自己编写的软件授权给他人使用
   C．使用从软件供应商处购买的软件
   D．使用从网上下载的共享软件

5. 在人类历史上信息技术发展经历了（　　）阶段。
   A．3 个　　　　　　　　　　　B．4 个
   C．5 个　　　　　　　　　　　D．6 个

6. 下列不属于 Internet（因特网）基本功能的是（　　）。
   A．电子邮件　　　　　　　　　B．实时监测控制
   C．文件传输　　　　　　　　　D．远程登录

7. 下列不可以作为承载信息的载体是（　　）。
   A．汽车　　　　　　　　　　　B．光盘
   C．声音　　　　　　　　　　　D．视频影像

8. 计算机处理的信息以（　　）形式存在存储器上。
   A．数据　　　　　　　　　　　B．程序
   C．文件　　　　　　　　　　　D．信息

9. 关于信息，以下说法不正确的是（　　）。
   A．信息就是指计算机中保存的数据
   B．信息有多种不同的表示形式

C．信息可以影响人们的行为和思维

D．信息需要通过载体才能传播

10．下列各指标中，（　　）是数据通信系统的主要技术指标之一。

A．重码率　　　　　　　　B．分辨率

C．传输速率　　　　　　　D．时钟主频

（二）填空题

1．信息社会的道德，大多指在信息采集、加工、存储、传播和利用等活动的各个环节中，规范各种社会关系的_____、_____和_____的综合，简称为信息道德。

2．信息社会的信息资源改变了_____条件，催生了新型的生产关系。

3．信息技术是扩展人们_____、协助人们进行_____的一类技术。

4．现代信息技术的主要特征是采用_____技术（包括激光技术）。

5．信息技术教育是在以信息技术为工具的前提下，对_____信息化，实现教师教、学生学的教与学的优化过程。

6．社会信息高度集中和应用范围极度扩大，使人类社会的_____、_____和_____管理结构都发生了较大变化。

7．_____、_____体现了信息时代的物质文化特征。

8．_____、_____、_____成为信息时代制度文化的特色。

（三）简答题

1．请列举至少5个信息技术的应用领域。

2. 信息社会的主要特征是什么？

3. 信息社会给我们带来哪些变化？

4. 信息社会在生产、生活和文化方面的表现特征有哪些？

5. 信息道德包含哪些方面？

6. 信息社会文化的四个层面分别是什么？

7. 信息社会的数字化学习有哪些具体表现？

（四）判断题

1. 信息技术就是人们获取、存储、传递、处理及利用信息的技术。　　　　（　　）
2. 信息输入就是通过计算机键盘把数据输入到计算机中。　　　　　　　　（　　）
3. 凡是能够扩展人的信息器官功能的技术，都可以称为信息技术。　　　　（　　）
4. 所有信息都可以直接被人们利用。　　　　　　　　　　　　　　　　　（　　）
5. 聋哑人通过手势交流思想不属于信息传播。　　　　　　　　　　　　　（　　）
6. 信息技术与商业贸易深度融合使全球经济一体化逐步形成。　　　　　　（　　）

7. 信息技术教育是单指以信息技术研究和开发为目标的教育。（　）

8. 网络道德是随着计算机、互联网等现代信息技术出现的新要求。（　）

9. 一种形式只能表达一种信息。（　）

10. 信息社会中人们只能通过网络获取信息。（　）

（五）操作题（写出操作要点，记录操作中遇到的问题和解决办法）

1. 收集信息化与社会管理融合的应用，谈谈信息化对政府政务有哪些影响。

2. 信息化衍生出数字化生活方式，谈谈你的数字化生活。

3. 收集有关网络犯罪的案例，谈谈怎样避免受到网络诈骗。

4. 信息社会改变了就业结构与形态。收集材料，写出一些新型的就业形式。

四、任务考核

完成本任务学习后达到学业质量水平一的学业成就表现如下。

（1）能清晰说明人类信息技术的发展历程。

（2）能清晰说明计算机的发展历程。

（3）能举例说明信息技术在日常生活的应用。

（4）能正确讲述信息技术对人类社会发展的积极作用和存在的问题。

完成本任务学习后达到学业质量水平二的学业成就表现如下。

（1）能举例说明信息技术在自己所学专业领域的具体应用。

（2）能使用真实案例对比说明信息技术应用在生产活动中的重要性。

任务 2　认识信息系统

◆ **知识、技能练习目标**

1. 了解计算机硬件的基本结构；
2. 了解二进制的优点，以及二进制和八进制、十六进制之间的转换方法；
3. 了解信息编码的常见形式和存储单位的概念，会进行存储单位的换算。

◆ **核心素养目标**

1. 提高数字化学习能力；
2. 提升计算思维。

◆ **课程思政目标**

1. 了解中国在计算机领域所取得的成绩，增强民族自豪感和爱国情怀；
2. 深刻认识汉字蕴含的智慧，增强文化自信。

一、学习重点和难点

1. 学习重点
（1）信息系统的组成；
（2）信息存储。
2. 学习难点
（1）数制和数制转换；
（2）信息编码。

二、学习案例

案例 1：超级计算机

通过学习，小华了解了微型（个人）计算机和超级计算机。超级计算机是指能够执行一般个人计算机无法处理的大量资料与高速运算的计算机。就组成而言，超级计算机与个人计算机构成组件基本相同，但在性能和规格上强大许多。超级计算机主要特点包含两个方面：极大的数据存储容量和极快的数据处理速度，因此，它可以在多个领域进行一些个人计算机无法处理的工作。

中国在超级计算机方面发展迅速，已跃升到国际先进水平国家当中。中国在1983年就研制出第一台超级计算机——银河一号，使中国成为继美国、日本之后第三个能独立设计和研制超级计算机的国家。

小华在深入思考以下问题：

（1）超级计算机主要应用在哪些领域？

（2）中国的超级计算机与其他国家相比，优缺点有哪些？

案例2：芯片介绍

芯片是集成电路的载体，不同芯片的集成规模相差很大，大到包含几亿个晶体管，小到仅有几十、几百个晶体管。芯片广泛应用于手机、军工、航天等各个领域，是能够影响一个国家现代工业的重要因素。

中国是世界上第一大芯片市场，但芯片自给率严重不足。我国不少高新技术企业被国外"卡脖子"，就是由于芯片问题引起的。

小华在深入思考以下问题：

（1）中国芯片技术在国际上处于什么水平？

（2）中国芯片技术的难点在哪些方面？

三、练习题

（一）选择题

1. 计算机由（　　）五大基本部件组成。
   A．运算器、控制器、存储器、鼠标、打印机
   B．运算器、控制器、硬盘、输入设备、输出设备
   C．运算器、控制器、存储器、输入设备、输出设备
   D．运算器、CPU、存储器、键盘、显示器

2. 现在的计算机硬件结构已转向以（　　）为中心。
   A．管理器　　　　　　　B．控制器
   C．存储器　　　　　　　D．运算器

3. 计算机硬件系统中最核心的部件是（　　）。
   A．主板　　　　　　　　B．CPU
   C．RAM　　　　　　　　D．I/O设备

4. 十进制数 23 转换成二进制数是（   ）。

　　A．11101　　　　　　　　B．10111

　　C．11011　　　　　　　　D．10110

5．二进制数 1011010 转换成八进制数是（   ）。

　　A．132　　　B．550　　　C．123　　　D．510

6．（   ）就是用一组特定的符号表示数字、字母或文字。

　　A．信息代码　　　　　　　B．信息编码

　　C．信息组合　　　　　　　D．信息数字

7．（   ）可以与 CPU 直接交换信息。

　　A．硬盘　　　　　　　　　B．U 盘

　　C．光盘　　　　　　　　　D．内存

8．计算机存储信息的最小单位是二进制的（   ）。

　　A．字节　　　　　　　　　B．MB

　　C．位　　　　　　　　　　D．KB

9．目前，计算机采用的编码是（   ）。

　　A．8421 码　　　　　　　　B．输入码

　　C．ASCII 码　　　　　　　D．BCD 码

10．为了解决存储器速度、容量和价格的矛盾，计算机存储系统通常采用（   ）个存储层次，（   ）级存储结构。

　　A．二、三　　　　　　　　B．二、一

　　C．三、三　　　　　　　　D．三、二

（二）填空题

1．运算器是计算机对数据进行加工处理的部件，主要执行_____运算和_____运算。

2．信息系统经历了简单的_____、孤立的_____、集成的_____三个发展阶段。

3．存储器用来存放程序指令和数据。存储器可分为_____和_____。

4．通用的 ASCII 码是一种用_____位二进制表示的编码，字符集共包含_____个字符。

5．计算机能直接处理的只有_____数。

6．汉字字形码是表示汉字字形的字模数据，通常用_____、_____等方式表示。

7. 计算机软件分为_____软件和_____软件。

8. _____是计算机的指挥控制中心,根据指令要求向其他部件发出相应的控制信号,保证各个部件协调一致地工作。

(三)简答题

1. 计算机硬件的五大组成部件是什么?请叙述五大部件的功能。

2. 计算机处理数据采用什么进制?请简述为什么采用此种进制?

3. 高速缓冲存储器的作用是什么?

4．信息系统由哪几部分组成？信息系统的运行机制是什么？

5．汉字编码有哪几种？请对每种编码进行详细介绍。

6．请写出 bit、Byte、KB、MB、GB、TB 之间的关系。

7．你知道有哪些计数制（至少写 4 种）？为什么要采用不同的计数制？

8．为什么在计算机系统中有硬盘、内存等多个存储器？

9．计算机处理数据包含哪些过程？

（四）判断题

1．信息系统就是计算机系统。 （ ）
2．计算机软件是计算机运行所需要的程序及文档。 （ ）
3．内存储器用来存放暂时不用的数据与程序，属于永久性存储器。 （ ）
4．键盘和鼠标属于输入设备。 （ ）
5．计算机的工作原理可以概括为存储程序与程序控制。 （ ）
6．"数制"指进位计数制，一个数只能采用一种进位计数制来计量。 （ ）

7. 信息编码是将信息转换成二进制的过程。汉字不需要转换成二进制就能被识别。

（　　）

8. 存储器的唯一性能指标就是容量。　　　　　　　　　　　　　　　（　　）

9. 汉字内部码是供计算机系统内部处理、存储、传输时使用的代码。（　　）

（五）操作题（写出操作要点，记录操作中遇到的问题和解决办法）

1. 将十进制数 121.5 分别转换成二进制数、八进制数和十六进制数。

2. 将二进制数 11011101.1 分别转换成八进制数、十进制数和十六进制数。

3．说说中国芯片市场需求状况，目前中国芯片制造还有哪些技术难关？

4．汉字种类繁多、编码复杂，简述汉字的4种编码，并说明其中蕴含的中国智慧。

5．为什么计算机的工作原理可以概括为存储程序与程序控制？

6. 计算机内存的性能指标有哪些？内存有哪些接口？内存与运行速度之间的关系是什么？

四、任务考核

完成本任务学习后达到学业质量水平一的学业成就表现如下。

（1）能清晰说明硬件系统的基本组成，并说明各部分的具体作用。

（2）能举例说明信息处理的完整过程。

（3）会进行二进制数、八进制数、十进制数、十六进制数的转换。

（4）会进行存储单位换算。

完成本任务学习后达到学业质量水平二的学业成就表现如下。

（1）能够利用信息技术解决实际生活问题。

（2）会利用网络工具收集资料，解决工作难题。

任务3 选用和连接信息技术设备

◆ 知识、技能练习目标

1. 了解微型计算机硬件和软件；

2. 能描述常见信息技术设备主要性能指标的含义，能根据需求选用合适的设备；

3. 能正确连接计算机、移动终端和常用外围设备，并将信息技术设备接入互联网；

4. 了解计算机和移动终端等常见信息技术设备基本设置的操作方法，会进行常见信息技术设备的设置。

◆ **核心素养目标**

1. 增强信息意识；
2. 增强动手能力。

◆ **课程思政目标**

1. 精益求精、爱岗敬业；
2. 大力弘扬工匠精神。

一、学习重点和难点

1. 学习重点

（1）信息技术设备；

（2）计算机和移动终端基本操作；

（3）信息技术设备联网。

2. 学习难点

（1）根据需求选择合理的终端设备；

（2）终端设备合理设置。

二、学习案例

案例1：硬盘的选购

小华想组装一台计算机，硬盘是其中一个重要的硬件。他想根据自己的需求选择合适的硬盘。通过收集资料，他了解了硬盘的相关知识。

通过了解，小华主要从容量和速度这两方面考虑，选择硬盘。

硬盘容量越大，可存储的信息就越多。硬盘的转速越快，硬盘寻找文件的速度就越快，相应的硬盘的传输速率也就越大。

硬盘分为机械硬盘和固态硬盘两种。固态硬盘速度快，能够提升计算机的运行速度，但固态硬盘价格高，而且容量相对机械硬盘小。机械硬盘价格低、容量大，但相对运行速度慢，会影响计算机开机、运行速度。

小华在深入思考以下问题：

（1）平时应怎样维护硬盘？

（2）硬盘的接口有哪些？

案例 2：手机的安全管理

随着网络的普及，人们习惯在手机上进行购物、娱乐、学习等。手机中个人信息非常重要，有些信息一旦泄露，就会造成不可估量的损失。因此，对手机进行安全管理尤为重要。平时人们通常仅设置 SIM 卡的 PIN 码、手机密码。实际上智能手机提供的安全功能有很多，如文件保密、防伪基站、密码保险箱等，若能很好地使用这些功能，手机的安全性会有极大提升。

小华在深入思考以下问题：

（1）怎样提高人们的手机安全防患意识？

（2）怎样对手机进行安全管理设置？

三、练习题

（一）选择题

1. 下列选项中，（　　）不是输入设备。
   A．鼠标　　　　　　　　　B．键盘
   C．显示器　　　　　　　　D．扫描仪

2. 下列选项中，（　　）不是输出设备。
   A．显示器　　　　　　　　B．打印机
   C．绘图仪　　　　　　　　D．键盘

3. 中央处理器即 CPU 是由（　　）组成的。
   A．运算器和控制器　　　　B．主机和内存
   C．运算器和内存　　　　　D．计算器和内存

4. 下列选项中，（　　）不属于系统软件。
   A．Word　　　　　　　　　B．操作系统
   C．程序设计语言　　　　　D．数据库管理系统

5. 下列选项中，（　　）不属于应用软件。
   A．学生管理系统　　　　　B．Windows
   C．WPS　　　　　　　　　D．信息管理系统

6. 将人能识别的信息转换成计算机能识别的信息的设备是（　　）设备。
   A．信息　　　　　　　　　B．输入
   C．输出　　　　　　　　　D．处理

7. 硬盘与内存相比，其特点是（　　）。

  A．容量大、运行速度快、价格低

  B．容量大、运行速度慢、价格低

  C．容量小、运行速度快、价格高

  D．容量小、运行速度慢、价格高

8. 以下不属于 USB 接口的是（　　）。

  A．B-4Pin　　　　　　　　B．B-8Pin

  C．Type-C　　　　　　　　D．IDE

9. 计算机主机是指（　　）。

  A．计算机的主机箱　　　　B．运算器和输入/输出设备

  C．运算器和控制器　　　　D．CPU 和存储器

（二）填空题

1. 运算器一次并行处理的二进制位数称为_____。

2. 常用的打印机有_____打印机、_____打印机、_____打印机。

3. 智能手机是指具有_____、安装有多种_____、通过_____实现无线网络接入的手机。

4. 智能终端连接网络有通过_____和通过_____两种连接方式。

5. USB 口鼠标和无线鼠标的适配器需要与主机的_____接口连接。

6. U 盘是一种基于_____接口的微型高容量活动盘。

7. 扫描仪可分为_____扫描仪、_____扫描仪和_____扫描仪。

8. 目前智能手机多安装_____、_____操作系统。

（三）简答题

1. 现如今，硬盘接口是哪种？这种接口有什么优点？

2．为什么办公环境常选用激光打印机？家庭多用喷墨打印机？

3．使用硬盘需要注意什么？

4．固态硬盘相比机械硬盘有哪些优点？

5．常见的存储设备有哪些？各有什么特点？

6. 选购计算机时，你会考虑哪些因素？对硬件有什么需求？

（四）判断题

1. 计算机主板控制计算机所有设备之间的数据传输，并为计算机各类外设提供接口。
（　　）
2. 声卡用于处理计算机中的声音信号，并将处理结果传输到音箱或耳机中播放。
（　　）
3. 硬盘接口由 SATA 取代 IDE，采用并行方式传输数据。（　　）
4. 智能手机已全面进入 5G 时代。（　　）
5. 智能终端不包括手表、戒指、眼镜。（　　）
6. 计算机的字长越长，处理信息的效率越高，计算机的功能也就越强。（　　）
7. 智能终端无须连入网络也可以很好地发挥作用。（　　）
8. 鼠标不可以通过蓝牙与计算机连接。（　　）

（五）操作题（写出操作要点，记录操作中遇到的问题和解决办法）

1. 怎样连接打印机？

2. 收集资料，阐述我国北斗卫星导航系统的发展。

3. 收集资料，阐述国产鸿蒙操作系统的发展。

4. 收集可穿戴设备的相关资料，试想未来的智能可穿戴设备应该会有哪些功能？

5. 介绍鼠标的两种连接方式。

四、任务考核

完成本任务学习后达到学业质量水平一的学业成就表现如下。

（1）能正确识别常见信息技术设备，清楚说明用途和特点。

（2）能根据日常需求，正确选择信息技术设备。

（3）会正确连接信息技术设备。

（4）会将移动设备联入互联网。

完成本任务学习后达到学业质量水平二的学业成就表现如下。

（1）能够自觉利用网络工具获取最新信息技术设备的相关资料。

（2）能够正确配置并调试终端设备。

任务 4　使用操作系统

◆ **知识、技能练习目标**

1．了解计算机系统功能；
2．了解操作系统的形成和发展；
3．掌握图形用户界面操作的方法；
4．掌握安装、卸载应用程序和驱动程序；
5．掌握信息输入的方法；
6．掌握操作系统自带的常用程序的功能和使用方法。

◆ **核心素养目标**

1．尊重科学原理，自觉关心相关领域技术的发展；
2．增强社会责任感，形成用科学技术知识为祖国服务的意识。

◆ **课程思政目标**

1．了解中国国产操作系统，提高对高科技自主研发重要性的认识；
2．深刻理解中国创造的内涵，树立整体国家安全观。

一、学习重点和难点

1．学习重点
（1）操作系统功能；
（2）图形用户界面操作；
（3）程序的安装和卸载；
（4）信息输入；
（5）操作系统自带程序的使用。
2．学习难点
（1）程序的安装与卸载；
（2）如何快速、正确地录入信息。

二、学习案例

案例1：安装操作系统

小华在一家公司从事平面设计工作，某天他购买了一款图形图像处理软件，但安装此软件对计算机操作系统有要求，需要 64 位的操作系统才能安装此软件，但小华的计算机还是 32 位的 Windows 7 操作系统，现在小华要重新安装计算机操作系统。因小华没有学习过操作系统的安装，便请公司计算机专业的同事小李帮忙，在同事的帮助下顺利完成了操作系统的更新。但是发现原来计算机中的 Office 软件不见了，于是就向同事进行询问，在同事的讲解下，小华终于明白了其中缘由。

小华在深入思考以下问题：

（1）32 位操作系统和 64 位操作系统有什么差别？

（2）安装操作系统需要注意哪些问题？

（3）如何应用操作系统的自带软件？

案例2：安装应用软件

小华的妈妈在网上买了一台笔记本电脑。她准备用该笔记本电脑处理文档时却发现笔记本电脑上没有 Word 文档处理软件。于是她从网上下载软件，并进行了安装，安装完成后发现桌面上没有 Word 文档处理软件的快捷图标，而是多了两个游戏的快捷图标。小华看到妈妈遇到的问题，就想到老师上课时讲到的软件安装方法，于是打开妈妈的笔记本电脑上的"软件管家"，在"软件管家"中搜索 Word 文档处理软件并安装，顺利地解决了妈妈的问题。

小华在深入思考以下问题：

（1）如何正确地安装应用软件？

（2）在安装应用软件时怎么避免捆绑软件的安装？

三、练习题

（一）选择题

1. 操作系统是一种（　　）。

  A．系统软件　　　　　　　　B．应用软件

  C．工具软件　　　　　　　　D．通用软件

2. 鼠标的拖曳操作方法是（　　）。

  A．按一下鼠标右键　　　　　　B．按住鼠标右键的同时移动鼠标

  C．按一下鼠标左键　　　　　　D．按住鼠标左键的同时移动鼠标

3. 在（　　）代计算机应用过程中出现了多道批处理系统和分时系统。

  A．第一　　　　　　　　　　　B．第二

  C．第三　　　　　　　　　　　D．第四

4. 按（　　）键可以切换中英文输入法。

  A．Ctrl　　　　　　　　　　　B．Shift

  C．Alt　　　　　　　　　　　 D．空格键

5. 不是个人计算机操作系统的是（　　）。

  A．Android　　　　　　　　　 B．Windows

  C．UNIX　　　　　　　　　　 D．Linux

6. Windows 10 桌面由（　　）、任务栏和桌面背景组成。

  A．标题栏　　　　　　　　　　B．快捷图标

  C．菜单栏　　　　　　　　　　D．地址栏

7. 如何卸载应用程序？（　　）。

  A．单击"开始"→"设置"→"应用"

  B．单击"开始"→"应用"→"设置"

  C．右键单击桌面快捷方式图标删除

  D．拖动应用程序图标到回收站

8. "扫描仪"驱动程序的安装是在（　　）之后完成的。

  A．音响硬件安装　　　　　　　B．鼠标安装

  C．扫描仪硬件安装　　　　　　D．键盘安装

（二）填空题

1. Windows 的桌面由标题栏、_____、_____和_____等组成。

2. 主流操作系统常用的用户界面有_____方式和_____操作。

3. 计算机系统由_____和_____组成，其中前者是指构成计算机的物理设备，后者保证计算机系统能按照用户指定的要求协调地工作。

4. 向计算机输入信息可以使用键盘，也可以采用_____、_____等方式。

5. 使用扫描仪可以将_____、_____或_____纸质文档转换成图像。

6. 常见的智能终端操作系统主要有_____、iOS 操作系统、_____、Windows

Phone 操作系统。

7. 系统软件是指管理、_____和_____计算机资源的软件。

（三）简答题

1. 什么是操作系统？说一说发展国产操作系统的意义。

2. 简述什么是鸿蒙操作系统。

3. 安装应用程序需要注意哪些问题？什么情况下需要卸载程序？

4．计算机启动过程经历哪几个阶段？

5．向计算机中输入信息的途径有哪些？并分别说说如何提高输入速度。

6．系统自带的常用程序有哪些？

（四）判断题

1．操作系统是用户与计算机之间的接口。　　　　　　　　　　　　　　　（　　）

2．Linux、UNIX、Windows、Android 都是个人计算机操作系统。　　　（　　）

3．多道批处理系统和分时系统的出现标志着操作系统的形成。（   ）

4．双击桌面应用程序或文件夹图标，可以快速启动相应的程序或文件。（   ）

5．在图形界面中，用户不可以使用鼠标代替键盘的各种操作。（   ）

6．对于不需要的程序建议使用卸载功能清除程序，这样能保证清除得更干净。（   ）

7．安装应用程序时，安装路径必须选择 C 盘。（   ）

8．熟练使用操作系统自带的功能性程序，既可以避免安装程序的麻烦，也能提高使用效率。（   ）

（五）操作题（写出操作要点，记录操作中遇到的问题和解决办法）

1．收集键盘和鼠标的基本操作资料，说说它们的操作各自有什么优势。

2．简述安装"搜狗拼音输入法"软件的操作步骤，并验证是否安装成功。

3. 简述如何正确卸载计算机中不常用的程序。

4. 使用手机 QQ 的扫描识别功能快速将纸质版文档转换为电子文档。

5. 添加系统自带的小程序"天气"工具,并使用该小程序查看当地天气情况。

四、任务考核

完成本任务学习后达到学业质量水平一的学业成就表现如下。

(1) 能描述计算机操作系统的功能。

(2) 掌握主流系统图形用户界面的基本操作。

(3) 能熟练使用键盘输入文本和符号。

完成本任务学习后达到学业质量水平二的学业成就表现如下。

(1) 能够正确安装、卸载应用程序和驱动程序。

(2) 能使用不同的方法向计算机中输入信息。

任务 5　管理信息资源

◆ 知识、技能练习目标

1．了解文件和文件夹的概念与作用；

2．了解常见信息资源类型；

3．能运用文件和文件夹对信息资源进行管理；

4．掌握信息资源检索和调用的方法；

5．能对信息资源进行压缩、加密和备份。

◆ 核心素养目标

1．增强主动管理信息资源的意识；

2．增强信息安全的行为意识。

◆ 课程思政目标

1．遵纪守法、强化法律意识；

2．自觉践行社会主义核心价值观。

一、学习重点和难点

1．学习重点

(1) 文件管理及基本操作；

(2) 信息资源的压缩和加密；

(3) 信息资源识别、检索。

2．学习难点

（1）信息资源高效检索、调用；

（2）信息资源备份和恢复。

二、学习案例

案例1：文件管理

受新冠肺炎疫情影响，小华的学校停止了线下授课，采用了线上教学模式，小华每天在自家计算机上学习各学科的新知识，并随时下载相应的教学资料，完成老师布置的作业。某天，小华想寻找之前老师讲解的教学资料，打开计算机却找不到了。小华的哥哥见状，使用关键字搜索帮助小华找到了资料。哥哥发现小华计算机桌面上密密麻麻全是文件，于是向小华讲了这样存放文件的弊端，在哥哥的指导下，小华把计算机桌面上的文件全部移到了D盘中，并按照学科和文件类型进行了分类，并创建文件夹保存。

小华在深入思考以下问题：

（1）如何对文件进行分类管理？

（2）怎么避免计算机中文件丢失？

案例2：文件压缩

开学第一周，学校要求每名学生都要上交一张蓝底的个人证件照。班主任让小华帮忙收集全班同学的个人证件照，收集完成后小华将照片一张一张通过微信发送给了班主任。班主任一看这么多照片，就让小华把照片整理一下再发送给他。小华向学长求助，在学长的帮助下，小华将所有照片放在了一个文件夹中，将文件夹重新命名为班级名称，并对文件夹进行了压缩处理，然后发送给班主任。班主任收到照片后夸奖小华做得很好。

小华在深入思考以下问题：

（1）压缩文件有哪些工具？如何对文件进行压缩处理？

（2）在对文件进行压缩处理的过程中，应该注意些什么？

三、练习题

（一）选择题

1．以.wav为扩展名的文件通常是（　　　）。

　　A．音频信号文件　　　　　　　　B．图像文件

C．文本文件　　　　　　　　D．视频信号文件

2．按住（　　）键的同时可选定多个相邻的文件或文件夹。

A．Ctrl　　　B．Shift　　　C．ab　　　D．Alt

3．文件的扩展名主要用于（　　）。

A．区别不同的文件　　　　B．标识文件的类型

C．表示文件的属性　　　　D．方便保存

4．下列属于文本文件名后缀的是（　　）。

A．.doc　　　B．.png　　　C．.rar　　　D．.avi

5．移动文件或文件夹的操作正确的是（　　）。

A．复制+粘贴　　　　　　B．复制+剪切

C．剪切　　　　　　　　　D．剪切+粘贴

6．在Windows中，对文件夹进行删除操作后，下列描述正确的是（　　）。

A．该文件夹中文件被部分删除

B．该文件夹中文件被全部删除

C．该文件夹中文件完全不变

D．该文件夹中文件部分改变

7．关于文件压缩，下列说法不正确的是（　　）。

A．文件压缩后可以节省存储空间

B．文件压缩后可以减少传输时间

C．数据文件可以被压缩工具压缩或被解压

D．文件压缩时不可以加密

8．关于文件夹，下列说法正确的是（　　）。

A．文件夹可以包含一个或多个子文件夹

B．文件夹只能包含一个子文件夹

C．不可以在文件夹中新建与之同名的子文件夹

D．文件夹可以包含两个命名相同的子文件夹

（二）填空题

1．＿＿＿＿＿＿用户赋予名称并在信息设备存储介质上的信息结合，它既可以是用户创建的文档，也可以是可执行的＿＿＿＿＿＿或图片、声音等。

2．以".gif、.jpg、.png"为文件名后缀的是＿＿＿＿＿＿文件。

3．可以使用＿＿＿＿＿＿命令更改文件或文件夹的名称。

4. 在搜索框中进行_____检索，可以快速找到所需文件和相关信息。

5. 想要同时选定多个不相邻的文件或文件夹可以按住_____键。

6. 在压缩文件时，可以_____来达到保护数据的目的。

（三）简答题

1. 说一说常用的资源类型有哪些。

2. 请简述文件和文件夹的概念。

3. 如何有效管理计算机中的文件和文件夹？

4. 请说出文件或文件夹重命名的3种方法。

5. 在计算机中如何快速检索和调用所需文件？

6. 备份文件有哪些好处？

（四）判断题

1. 文件夹可以包含一个或多个子文件夹。（　　）
2. 复制文件后，文件将出现在目标文件夹中，原文件夹中将不再保留文件。（　　）
3. 建立文件管理体系有利于管理信息资源。（　　）
4. 文件处于打开状态时可以进行重命名。（　　）
5. 文件压缩后可以节约存储空间但不能减少传输时间。（　　）
6. 文件被删除进入回收站后，将不再占用磁盘空间。（　　）
7. 操作系统允许用户进行备份和恢复操作。（　　）

（五）操作题（写出操作要点，记录操作中遇到的问题和解决办法）

1. 在计算机E盘上新建两个文件夹，并用不同方法将这两个文件夹重命名为"图片"和"视频"。

2. 在计算机中检索图形文件。

3. 把计算机桌面上的图片移动到 E 盘"图片"文件夹中。

4. 在计算机中检索声音文件并使用系统自带的播放器进行播放。

5. 压缩"图片"文件夹，并设置"密码"。

6. 选择重要文件备份，尝试恢复操作。

四、任务考核

完成本任务学习后达到学业质量水平一的学业成就表现如下。

（1）能举例说明计算机文件管理体系结构。

（2）了解常用的信息资源类型，并通过文件扩展名识别各类文件格式。

（3）掌握信息资源快速检索、调用的方法。

（4）能对文件进行压缩、加密、备份和恢复。

完成本任务学习后达到学业质量水平二的学业成就表现如下。

（1）能建立有效的文件管理体系来管理信息资源。

（2）能有目的备份重要文件、系统文件，减少由文件丢失、损坏造成的损失。

任务6　维护系统

◆ 知识、技能练习目标

1. 能对计算机和移动终端等信息技术设备进行简单的安全设置，会进行用户管理及权限设置；

2. 会使用工具软件进行系统测试与维护；

3. 会应用"帮助"等工具解决信息技术设备及系统使用过程中遇到的问题。

◆ 核心素养目标

1. 提高信息数字化学习和创新能力；

2．发展计算思维。

◆ **课程思政目标**

1．了解信息设备安全应用的重要性，树立整体国家安全观；
2．强化科技意识，培养工匠精神。

一、学习重点和难点

1．学习重点
（1）信息终端安全设置；
（2）系统测试与维护；
（3）使用"帮助"。
2．学习难点
（1）高效、精准使用"帮助"；
（2）信息系统的维护。

二、学习案例

案例1：软件压力测试

小华想详细了解软件压力测试，以便提升系统测试能力，通过对资料进行收集、整理和分析，小华对软件压力测试有了全面的认识。

软件压力测试是一种基本的质量保证行为，它是软件测试工作的一部分。软件压力测试的基本思路很简单：不是在常规条件下运行手动或自动测试，而是在计算机数量较少或系统资源匮乏的条件下运行测试。通常要进行软件压力测试的资源包括内存、CPU、磁盘空间和网络带宽。

软件系统的负载压力是指系统在某种指定软件、硬件及网络环境下承受的流量，如并发用户数、持续运行时间、数据量等。其中，并发用户数是负载压力的重要指标。

软件的性能可以通过响应时间、并发用户数、吞吐量、资源利用率等性能指标来衡量。

压力测试计划分为三个阶段：分析数据库应用系统、定义压力测试对象与目标、评审修改压力测试计划。

压力测试可以采用手工测试和利用自动化工具测试两种方式。采用手工测试不仅需要大量的测试人员和设备，还要考虑同步操作和对被测系统的同步监控的问题，所以执行起来有一定局限性，测试结果不一定能够有效地为系统调优提供服务，而且还会耗费大量的人力和物力。

相比之下，采用自动化测试工具能更快捷地解决问题。自动化测试工具可以在一台或多台设备上模拟成百上千的用户同时执行业务操作的场景，并可以很好地同步用户的执行时间，进行有效的实时监测。因此，在越来越多的压力测试项目中用到了自动化测试工具，自动化测试工具也在压力测试多方面的要求中得到了发展和改良。

小华在深入思考以下问题：

（1）为什么要对软件进行压力测试？

（2）除软件压力测试外，还有哪些信息系统性能测试的方法？

案例2：数据库维护

一个数据库被创建后的所有工作都称为数据库维护，包括备份系统数据、恢复数据库系统、创建用户信息表并为信息表授权、监视系统运行状况、及时处理系统错误以保证系统数据安全、周期性更改用户口令等，数据库维护比数据库的创建和使用更难。

小华根据数据库维护的工作内容和职责，将其分为以下几个部分。

备份系统数据。数据库系统的备份与恢复机制保证了在系统失败时重新获取数据的可能性，主要包括完全备份、事务日志备份、差异备份、文件备份等。

恢复数据库系统。如果用户数据库存储的设备失效，从而数据库被破坏或不可存取，通过装入最新的数据库备份及后来的事务日志备份就可以恢复数据库。

创建用户信息表。系统管理员的一个日常事务是为用户创建新的信息表，并为之授权。

监视系统运行状况。系统管理员的另一项日常工作是监视系统运行状况，及时处理系统错误。主要任务有：①监视当前用户及进程的信息；②监视目标占用空间情况；③监视数据库管理系统统计数字。

保证系统数据安全。为保证系统数据安全，系统管理员必须依据系统的实际情况，执行一系列的安全保障措施。其中，周期性更改用户口令是比较常用且十分有效的措施。

小华在深入思考以下问题：

（1）在信息系统中，数据库的作用是什么？为什么要对数据库进行备份？

（2）计算机系统性能维护的方法有哪些？

三、练习题

（一）选择题

1. 显示器的"亮度和颜色"需要在（　　）窗口设置。

A. 背景 B. 颜色
C. 显示 D. 开始

2. 在"个性化"设置窗口中，不可以设置（　　）。

A. 背景 B. 颜色
C. 主题 D. 分辨率

3. 添加新用户在"账户"选项的（　　）操作窗口进行。

A. 账户信息 B. 电子邮件和账户
C. 登录选项 D. 其他用户

4. 单击"显示设置"→"声音"选项，在"声音"设置窗口中，不可以设置（　　）。

A. 输出设备 B. 声音文件的类型
C. 主音量的大小 D. 输入设备

5. 使用计算机的过程中，若遇到难题，可以使用系统自带的（　　）功能，快速查找应对难题的解决办法。

A. 帮助 B. 查找
C. 检索 D. 浏览

6. 利用磁盘清理工具不可以（　　）。

A. 释放磁盘空间
B. 删除 Internet 临时文件
C. 对磁盘重新分区
D. 对 Windows 进行更新清理

（二）填空题

1. 在"个性化"设置操作窗口，可以选择"_____"设置主题的_____、_____、_____和_____。

2. 若希望锁定任务栏，则操作方法是右键单击桌面，选择快捷菜单中的_____命令，在打开的_____对话框中选择_____，在右侧窗口中将锁定任务栏项目设置为_____。

3. 不做用户权限限制，无法限制越权使用，_____安全可能失控。

4. 多个用户使用同一个智能设备时，需要对使用者进行_____分配。

5. 在利用磁盘清理工具清理系统盘时，若希望查看系统下载的文件，则可以在"磁盘清理"对话框中单击_____按钮。

6. 打开"资源监视器"窗口，可以查看_____、_____等情况。

（三）简答题

1. 配置信息终端的目的是什么？

2. 可以对计算机进行哪些个性化设置？

3. 用户权限管理的目的是什么？若不进行用户权限管理可能会出现什么问题？

4. 进行信息系统维护有哪些方法？

5. 使用系统"帮助"可以帮助用户解决哪些问题？

6. 你对网络安全有哪些认识？

（四）判断题

1. "个性化"设置只能通过右键单击桌面，在弹出的快捷菜单中打开。　　　　（　　）
2. 合理配置信息终端可以得到更好的操作体验。　　　　　　　　　　　　　（　　）

3. 可以在"设置"窗口为系统添加打印机和扫描仪。（   ）
4. 不能设置当前系统所使用的鼠标光标的响应速度。（   ）
5. 设置用户权限是安全应用信息系统的重要基础。（   ）
6. 当多个用户使用同一个智能设备时，需要对使用者进行必要的权限分配。（   ）
7. 如果没有专门的测试工具，可以使用系统自带的测试工具评估系统性能。（   ）
8. 只要进行磁盘清理，就可以立刻删除所有系统产生的临时文件。（   ）
9. 当遇到系统维护的难题时，用户只能通过使用系统自带的"帮助"功能来解决。

（   ）

（五）操作题（写出操作要点，记录操作中遇到的问题和解决办法）

1. 将桌面的背景颜色设置为红色并更改显示文本的大小。

2. 调整光标的移动速度和光标指针的大小。

3．设置一个新用户，并合理分配其权限。

4．使用磁盘清理工具清理系统盘。

5．为手机设置开机密码和指纹锁。

6. 在"帮助"中使用不同的关键词搜索信息，查看搜索结果。

四、任务考核

完成本任务学习后达到学业质量水平一的学业成就表现如下。

（1）会按要求设置计算机显示器、键盘和鼠标。

（2）会添加新用户并合理设置权限。

（3）会使用系统自带的工具进行系统测试，并分析测试结果。

（4）会使用系统"帮助"。

完成本任务学习后达到学业质量水平二的学业成就表现如下。

（1）能根据应用需求分类管理用户。

（2）会处理信息系统常见故障，能开展系统日常维护工作。

第2章 网络应用

本章共分 6 个任务，任务 1 强化网络的基本概念，帮助学生学习网络的基本工作原理，熟识网络的基本应用场景，提升网络强国的信心。任务 2 提升网络基本操作能力，帮助学生熟练网络连接操作，学习简单网络故障排除方法。任务 3 提高网络资源获取能力，树立依规、合法使用网络资源的意识。任务 4 强化网络交流和信息发布能力，倡导正确的网络文化导向，弘扬社会主义核心价值观。任务 5 强化网络工具运用能力，提高网络学习、生活效率，培养团结协作意识。任务 6 深入了解物联网，帮助学生全面认知智慧城市，体验与人类生产、生活密切关联的典型物联网应用场景。

任务 1　认识网络

◆ **知识、技能练习目标**

1. 认识计算机网络发展史；
2. 掌握计算机网络分类，了解互联网对人们生产生活的影响和网络文化特征；
3. 了解网络体系结构、TCP/IP 协议和 IP 地址的相关知识；
4. 了解互联网的工作原理。

◆ **核心素养目标**

1. 增强信息意识；
2. 发展计算思维；
3. 强化信息社会责任。

◆ **课程思政目标**

1. 遵纪守法、明理守信；
2. 自觉践行社会主义核心价值观。

一、学习重点和难点

1. 学习重点

（1）计算机发展史；

（2）OSI 参考模型；

（3）TCP/IP 协议。

2. 学习难点

（1）子网划分；

（2）互联网工作原理。

二、学习案例

案例1：IPv6（互联网协议第6版）

北京冬奥会是史上最清晰的冬奥会，全面采用 8K 超高清直播。本次北京冬奥会引入了"自由视角""子弹时间"等新技术。"自由视角"是指将现场上百个机位的画面信号实时上传到云端，再传送到千家万户。观众在看比赛直播时可以自己当"导播"，自由选择观看的机位、角度等。"子弹时间"能让比赛中的精彩瞬间凝固，以放大比赛的细节。

会场是怎样在大区域、多场馆保证为超过 15 万台终端提供高质量、不限速的网络服务的呢？5G 网络覆盖是必须的，但仅有 5G 网络还不够。5G 只解决了从基站到移动端的网络，数据到了基站后，还需要通过有线传输的方式汇聚到骨干网，也就是 IP 网络，这就需要用到 IPv6 技术。

在 IPv4 下，IP 地址数量已经不够全球使用了。IPv4 下的 IP 地址数量是 2^{32} 个，也就是约 42.9 亿个；IPv6 下的 IP 地址数量是 2^{128} 个，号称就算是给地球上的每一粒沙子都分配一个 IP 地址也绰绰有余。IPv6 还有很多优点，如更高的安全性、更大的扩容性、更简化的格式等。

小华在深入思考以下问题：

（1）在 IPv6 下，可以有哪些新的应用场景？

（2）推进 IPv6 对中国的发展有什么促进作用？

案例2：子网划分

小华是公司的网络管理员，公司原来规模不大，全公司计算机主机的 IP 地址由一个 DHCP 服务器统一分配，但随着公司的发展，这种模式已经不适用了，公司希望每个部门都有自己的 IP 段，独立的子网，以便管理。公司目前使用的是 C 类 IP 地址 192.168.188.0/24，现有 4 个大的相对独立的部门，每个部门的主机数量为 20 台。小华计划将 192.168.188/24 分为至少 4 个子网，每个子网保证有至少 30 个 IP 地址（多出来的 IP 为预留）。因此，使用 3 位子网号和 5 位主机号的方案，此方案可以提供 6 个可用的子网，并且每个子网可提供 30 个可用的 IP 地址，使用 27 位子网掩码。4 个子网 IP 地址如下。

IP 段 1：192.168.188.33-192.168.188.62   mask：255.255.255.224
IP 段 2：192.168.188.65-192.168.188.94   mask：255.255.255.224
IP 段 3：192.168.188.97-192.168.188.126   mask：255.255.255.224
IP 段 4：192.168.188.129-192.168.188.158   mask：255.255.255.224

小华在深入思考以下问题：

（1）子网划分的优势是什么？

（2）计算子网有没有更好的方法？

三、练习题

（一）选择题

1. 计算机网络最突出的优点是（　　）。
   A．共享软、硬件资源　　　　　B．运算速度快
   C．可以相互通信　　　　　　　D．内存容量大

2. 以下关于计算机网络的描述，正确的是（　　）。
   A．互联的计算机是分布在不同地理位置的多台独立的自治计算机系统。
   B．接入网络的计算机都必须使用同样的操作系统。
   C．网络必须采用具有全局资源调度能力的分布式操作系统。
   D．组建计算机网络的目的是实现局域网的互联。

3. 计算机网络是计算机技术和（　　）相结合的产物。
   A．系统集成技术　　　　　　　B．微电子技术
   C．网络技术　　　　　　　　　D．通信技术

4. 一般情况下，计算机网络可以提供的功能有（　　）。
   A．资源共享、综合信息服务

B．信息传输与集中处理

C．均衡负荷与分布处理

D．以上都是

5．C 类 IP 地址的默认掩码是（　　）。

  A．255.255.255.0　　　　　　B．255.255.0.0

  C．255.0.0.0　　　　　　　　D．255.255.255.224

6．OSI 模型中最核心的层次为（　　）。

  A．数据链路层　　　　　　　B．网络层

  C．传输层　　　　　　　　　D．应用层

7．网络扩展相对较难的网络结构是（　　）。

  A．总线形　　　　　　　　　B．环型

  C．树型　　　　　　　　　　D．星型

8．对于网上的谣言信息应采取的态度是（　　）。

  A．不信、不传　　　　　　　B．告诉朋友

  C．继续关注　　　　　　　　D．交流讨论

9．以下为广播地址的是（　　）。

  A．0.0.0.0　　　　　　　　　B．255.255.255.255

  C．127.0.0.1　　　　　　　　D．8.8.8.8

（二）填空题

1．计算机网络资源包括_____、_____和_____等。

2．在 TCP/IP 协议中，解决计算机与计算机之间通信问题的层次是_____。

3．若网络形状是由站点和连接站点的链路组成的一个闭合环，则称这种拓扑结构为_____。

4．在以太网中，根据_____来区分不同的设备。

5．IPv6 的地址长度为_____位，是 IPv4 地址长度的_____倍。

6．_____协议负责与远程主机可靠连接，_____协议负责寻址。

7．IPv4 的 IP 地址由_____位二进制数组成。

8．C 类地址最多可容纳_____台主机。

9．在 OSI 模型中负责通信子网的流量和拥塞控制的是_____层。

(三) 简答题

1. 简述计算机的发展历程。

2. 总结常见的拓扑结构及其特点。

3. 互联网的文化特征有哪些具体表现？

4．OSI 与 TCP/IP 模型的对应关系是什么？

5．简述 IP 地址的分类。

6．简述子网划分的基本步骤。

（四）判断题

1．计算机联网的主要目的是实现资源共享和信息交换。　　　　　　　　　（　　）
2．互联网的虚拟性使任何人都可以在网上为所欲为。　　　　　　　　　　（　　）

3．互联网技术扩大了人们交际的范围，拓宽了交流的渠道。（   ）

4．网络体系结构是指计算机网络层次结构模型和各层协议的集合。（   ）

5．为了实现互联网中不同主机之间的通信，需要给每台主机配置唯一的 IP 地址。
（   ）

6．IP 地址采用"网络号+主机号"的结构进行地址标识。（   ）

7．TCP/IP 协议是同构网络之间互联的一种网络协议。（   ）

8．物理层采用的 MAC 地址是全网唯一的物理地址。（   ）

9．IP 地址中的 D 类地址为组播地址。（   ）

（五）操作题（写出操作要点，记录操作中遇到的问题和解决办法）

1．收集我国计算机网络的发展资料，说明如何促进我国计算机网络发展。

2．收集互联网中存在的个人不良行为的相关资料，说明抵制不良行为的必要性。

3．收集域名解析的相关资料，说明域名解析的重要性。

4．给一个包含销售、售后、财务、人事 4 个部门，50 人以下的公司设计网络建设方案（划分子网、分配 IP 地址）。

5．给一个包含研发、销售、售后、财务、人力资源、后勤服务 6 个部门，50～100 人的公司设计网络建设方案（划分子网、分配 IP 地址）。

四、任务考核

完成本任务的学习后达到学业质量水平一的学业成就表现如下。

(1) 能举例说明互联网对人类社会的影响。

(2) 能清晰描述互联网影响下的社会文化特征。

(3) 能说明 IP 地址的分类，会设置网络 IP 地址。

完成本任务的学习后达到学业质量水平二的学业成就表现如下。

(1) 能举例说明 OSI 模型与互联网层次结构的对应关系。

(2) 能清晰说明互联网的基本工作原理。

任务 2　配置网络

◆ 知识、技能练习目标

1．了解常见网络设备的类型和功能，会进行网络的连接和基本设置；

2．能判断和排除简单网络故障。

◆ 核心素养目标

1．发展计算思维；

2．提高数字化学习能力；

3．提升逻辑思维能力。

◆ 课程思政目标

1．培育职业道德；

2．深化工匠精神。

一、学习重点和难点

1．学习重点

(1) 网络设备的类型和功能；

(2) 网络连接和设置。

2．学习难点

(1) 网络故障识别；

(2) 网络故障排除。

二、学习案例

案例 1：常见的网络故障

小华家的网络最近一直有问题，主要表现为网络访问速度慢、经常无法连接网络。小华开始查找网络故障。许多网络故障都是由网络不通造成的，因此解决网络不通成为排除故障的前提。解决网络不通需从网卡开始，逐步向网卡的两边扩展，查找故障点。网卡的两个指示灯分别为连接状态指示灯和信号传输指示灯，正常状态下连接状态指示灯呈绿色并长亮，信号指示灯呈红色并不停闪烁。如果绿灯不亮，则表示网卡与交换机之间的连接有故障。小华发现网卡灯是正常的，同时，小华也检查了路由器的指示灯，发现 WAN 的灯是不亮的，小华马上查找路由器指示灯的故障分析表，判断是没有连接上外网。因此，小华马上检查外网的物理连接，确认没有问题后重启了一次路由器，故障排除。

小华在深入思考以下问题：

（1）发现网络不能访问，正确的检查步骤是什么？

（2）如果所有物理连接都没有问题，下一步应检查哪个环节？

案例 2：小型网络搭建与配置

小华有一栋四层的房屋，其中第 1 层自住，第 2~4 层出租，每层楼有 4 个房间，现希望给每个房间安装网络。小华经过思考，制订如下方案：房屋的主网络出口使用入门级企业路由器作为主路由，通过 WAN 口连接光猫，连接 1 000M 的宽带进行上网，交换机分出 4 个 VLAN，VLAN 10 连接第 1 层，VLAN 20、VLAN 30 和 VLAN 40 分别连接 2~4 层，保证网络能够相对隔离。每个出租房间安装无线 AP，覆盖无线网络，使用 DHCP 来管理 IP 地址。

小华在深入思考以下问题：

（1）以上方案是否达到最优？有没有其他选择？

（2）以上方案如果出现故障，则应如何排除？

三、练习题

（一）选择题

1. 交换机是 OSI 参考模型的第（　　）层设备。

　　A. 一　　　　B. 二　　　　C. 三　　　　D. 四

2. 计算机局域网常用的数据传输介质有光缆、同轴电缆和（　　）。
   A．光纤　　　B．微波　　　C．双绞线　　　D．红外线
3. 在有线网络传输介质中，具有传输距离远、速率高、电子设备不易监听特点的是（　　）。
   A．光纤　　　B．同轴电缆　　C．双绞线　　　D．电话电缆
4. 无线广域网多使用（　　）通信方式。
   A．电磁波　　B．红外线　　　C．紫外线　　　D．微波
5. 不属于二层交换机功能的是（　　）。
   A．物理编制　B．数据转发　　C．路由控制　　D．差错检测
6. 不属于网络硬件故障的是（　　）。
   A．设备损坏　B．设备冲突　　C．网络拥塞　　D．设备未驱动
7. 互联网采用的协议类型是（　　）。
   A．TCP/IP　　B．X.25　　　C．IEEE802.2　D．IPX/SPX
8. TCP/IP 的含义是（　　）。
   A．局域网传输协议　　　　　　B．拨号入网传输协议
   C．传输控制协议和网际协议　　D．OSI 协议集

（二）填空题

1. 根据地域范围的分类标准，可以将计算机网络分为_____种。
2. 常用的网卡主要分为_____网卡和_____网卡。
3. 网络配置包括_____配置、_____配置及_____配置等。
4. WLAN 是指_____，Wi-Fi 是指_____。
5. 配置无线网络时，一般选择_____作为加密方式。
6. 局域网故障主要分为_____和_____两种。

（三）简答题

1. 组建一个局域网一般需要哪些设备？

2．简述双绞线 568A 和 568B 的线序。

3．交换机的主要功能有哪些？

4．路由器是如何选择 IP 数据包转发路径的？

5．将家用计算机接入互联网需要做哪些准备工作？

6. 网络设备故障通常有哪些类型？

（四）判断题

1. 设备冲突是造成计算机无法上网的问题之一。（　）
2. 集线器是局域网中连接所有计算机的中心节点。（　）
3. 双绞线是最常用的传输介质，它与整个网络的性能无关。（　）
4. 双绞线包括屏蔽双绞线和非屏蔽双绞线。（　）
5. 联网前需首先配置网卡、网线、无线路由器、计算机等设备。（　）
6. 工作在数据链路层的交换机不依靠 MAC 地址进行数据转发和交换。（　）
7. 家用无线 Wi-Fi 放置的位置不会影响整个家庭无线网络的信号。（　）
8. 即使双绞线网头的铜片没有压紧，也不可能造成网线不通。（　）
9. 同轴电缆与光纤主要用于连接主干网络，与 PC 连接通常采用双绞线。（　）

（五）操作题（写出操作要点，记录操作中遇到的问题和解决办法）

1. 分别制作一根直连双绞线和一根交叉双绞线，并测试其连通性。

2. 配置家用无线路由器。

3. 将家用计算机通过无线路由器联入互联网。

4. 收集无线路由器设备资料，选出性价比最高的一款。

5. 收集家庭网络应用过程中最易出现的网络故障资料，记录故障现象。

6. 收集常用的家庭网络设备资料，列举其常见的使用场景。

四、任务考核

完成本任务学习后达到学业质量水平一的学业成就表现如下。

（1）能清晰说明网卡、交换机、路由器的基本功能和作用。

（2）会将计算机联入互联网。

（3）会设置 IP 地址和无线路由器。

完成本任务学习后达到学业质量水平二的学业成就表现如下。

（1）能根据网络故障现象判断网络故障并进行排除。

（2）能组建简单的家庭网络。

任务3　获取网络资源

◆ **知识、技能练习目标**

1．掌握使用搜索引擎的技巧；
2．能识别网络资源的类型，并根据实际需要获取网络资源；
3．能通过短视频平台进行学习；
4．会辨识有益或不良网络信息，能对信息的安全性、准确性和可信度进行评价，能自觉抵制不良信息。

◆ **核心素养目标**

1．增强信息意识；
2．发展计算思维；
3．强化信息社会责任。

◆ **课程思政目标**

1．遵纪守法、增强知识产权保护意识；
2．自觉践行社会主义核心价值观。

一、学习重点和难点

1．学习重点
（1）获取网络资源；
（2）利用短视频平台学习。
2．学习难点
（1）辨识不良信息；
（2）掌握搜索引擎的高级语法。

二、学习案例

案例1：搜索引擎

看了电影《长津湖》，小华想了解长津湖战役的方方面面，他使用百度搜索引擎搜索相关资料，输入关键词"长津湖"，搜索结果有很多，但大多不是他想要的。通过信息技术老师的指导，他掌握了一些使用搜索引擎的技巧，提高了获取信息的效率。例如，当搜索结果不佳时，可以参考"相关搜索"来获得一些启发，它以搜索词的相关度、热度等为用户体验筛选出相关词汇进行检索。如果在搜索结果中有某一类网页是要排除的，则可以使用"-"去除所有含有特定关键词的网页；如果要精确匹配，则可以使用双引号。

小华在深入思考以下问题：

（1）如何在搜索时选择合适的关键词？

（2）如何养成良好的搜索习惯？

案例 2：短视频学习平台

小华发现身边的同学经常使用短视频平台，有些同学还在短视频平台上学习了不少专业知识。小华在手机上下载了一个短视频平台，发现该平台的内容包罗万象，涉及考学课程、学习经验、人文科普、职场经验等多个知识领域。

小华打开相关视频，发现这种基于短视频的学习并非传统意义上的单向学习，是靠弹幕和评论互动营造学习氛围的社交型学习。各类 UP 主通过创作的内容吸引用户成为其粉丝，用户在学习过程中产生困惑，通过弹幕直接发起提问，往往会得到其他用户回答，甚至 UP 主亲自答疑解惑。

"刷着短视频学习"正在成为越来越多人的选择，一些优秀的短视频平台成为了学习阵地。

小华在深入思考以下问题：

（1）在短视频平台上如何甄别优质的学习视频？

（2）目前有哪些优秀的短视频平台？

三、练习题

（一）选择题

1. HTTP 协议主要用于（　　）。
   A．浏览网页　　　　　　　　B．文件传输
   C．发送电子邮件　　　　　　D．接收电子邮件

2. 下列不属于因特网信息资源特点的是（　　）。
   A．无限性和广泛性　　　　　B．新颖性
   C．有序性　　　　　　　　　D．共享性

3. HTTP 是（　　）。
   A．文件传输协议　　　　　　B．超文本传输协议
   C．远程登录协议　　　　　　D．网络新闻传输协议
4. 下列属于搜索引擎的是（　　）。
   A．网易　　　　　　　　　　B．北京大学官网
   C．百度　　　　　　　　　　D．腾讯
5. （　　）是国内最大的在线图书馆。
   A．读秀　　　　　　　　　　B．中国数字图书馆
   C．中国数字图书馆　　　　　D．全景中文图书
6. 远程桌面 RDP 的默认端口为（　　）。
   A．80　　　B．21　　　C．445　　　D．3389

（二）填空题

1. 网页信息的产生方式包括＿＿＿＿和＿＿＿＿。

2. ＿＿＿＿是百度发布的供用户在线分享文档的平台。

3. 网络资源包括＿＿＿＿和＿＿＿＿。

4. ＿＿＿＿是百度推出的一项云存储服务，用户可以轻松将自己的文件上传到网盘上，并可跨终端随时随地查看和分享。

5. ＿＿＿＿是腾讯推出的专业在线教育平台，在该平台上老师可以线上教学，学生可以及时互动学习。

6. ＿＿＿＿是对信息的接收、存储、操作、运算和传送，或者对存储在信息加工系统中的各种符号结构的操作和处理。按照信息加工过程中每个阶段进行的多个处理间的时序关系分类，可分为＿＿＿＿和＿＿＿＿两种基本方式。

（三）简答题

1. 如何在网络上找到自己需要的资源？

2. 网络学习资源多种多样，请列举出5个在线学习网站。

3. 在获取网络资源过程中应注意哪些问题？

4. 远程操作应用非常广泛，请列举出4种远程操作的用途。

5. 短视频分享越来越普及，请列举出5种视频剪辑软件。

（四）判断题

1. 在网络上获取资源都是免费的。（   ）
2. 与传统的媒介相比，网络信息传播具有交互性、主动性和参与性等特征。（   ）
3. 要树立知识产权保护意识，不随意分享具有知识产权的信息资源。（   ）
4. 网络资源的质量参差不齐。（   ）
5. 远程操作非常安全，不必担心信息泄露。（   ）
6. 信息加工可分为串行加工和并行加工。（   ）
7. 在信息收集时，要注重信息的真实性和时效性。（   ）
8. 网络用户应访问合法运营的网络信息平台。（   ）
9. 网络用户应合理使用网络资源，懂得保护知识产权。（   ）

（五）操作题（写出操作要点，记录操作中遇到的问题和解决办法）

1. 上网搜索关于"Robots 协议"的内容，将该协议主要功能列举出来。

2. 上网收集广东省春季高职高考（3+专业技能证书）近三年本科最低投档分数。

3．收集百度搜索和360搜索的相关资料，列举出它们的差异。

4．收集关于Windows操作系统安全的相关资料，并列举出主要安全防范措施。

四、任务考核

完成本任务学习后达到学业质量水平一的学业成就表现如下。

（1）能根据需求合法获取网络文本、声音、视频文件。

（2）能养成良好的搜索习惯。

完成本任务学习后达到学业质量水平二的学业成就表现如下。

（1）能辨别不良信息，具有自觉抵制不良信息的意识；

（2）能利用短视频平台学习相关知识。

任务 4　网络交流与信息发布

◆ **知识、技能练习目标**

1．会进行网络通信、网络信息传送和网络远程操作；

2．会编辑、加工和发布网络信息；

3．能在网络交流、网络信息发布等活动中，坚持正确的网络文化导向，弘扬社会主义核心价值观。

◆ **核心素养目标**

1．增强信息意识；

2．提高数字化学习能力；

3．强化信息社会责任。

◆ **课程思政目标**

1．坚持正确的网络文化导向，树立正确的价值观；

2．深刻理解"网络空间天朗气清、生态良好，符合人民利益"的内涵，强化社会责任。

一、学习重点和难点

1．学习重点

（1）网络通信；

（2）网络信息传送；

（3）编辑、加工和发布网络信息。

2．学习难点

（1）网络远程操作；

（2）网络协作。

二、学习案例

案例 1：云存储

最近，小华误删了手机中的一些珍贵照片，正在苦恼之际，突然想起手机上安装了百度网盘 App，并设置了手机自动备份功能。于是小华通过百度网盘找到了被误删的照片。

随着信息技术的进步和社会经济的发展，人们的数据访问形式和存储方式发生了巨大的变化：从单个节点独享访问到集群、多节点的共享访问；从分散存储到集中存放、统一管理。基于上述需求，云存储应运而生，并成为信息存储领域的研究热点。小华了解到，除百度网盘外，国内还有阿里云盘、腾讯微云等云存储平台。

近期云存储数据泄露事件频发，直接造成了百万甚至千万用户信息被泄露。因此，小华决定以后只将自己非隐私的文件资料存储在网盘中。

小华在深入思考以下问题：

（1）如何才能最大限度地保障自己文件资料安全？

（2）网盘还有哪些应用？

案例 2：坚果云

班主任让小华做下周的班会计划。由于时间紧，小华向信息技术老师请教，如何通过信息技术手段提高工作效率。老师向他推荐坚果云同步网盘。

坚果云是一款同步网盘产品，用户可以将计算机中的任意文件夹同步到坚果云，随时随地访问自己的文件，并安全地保存它们。传统网盘如果要备份文件，需要手动上传、手动下载，而坚果云只要保持程序运行，数据就会自动同步备份，几乎感受不到它的存在。坚果云采用网银级别的 AES-256 加密技术，文件被破解的可能性较小，支持微信二步认证，即便密码泄露，账号安全仍有保障。

小华下载了坚果云，尝试使用该软件。几个小伙伴在不同地点同时使用坚果云，同时访问共享文件夹，编辑文档，班主任在线同步指导，工作效率大大提高。

小华在深入思考以下问题：

（1）发布网络信息应该遵循哪些规范要求？

（2）目前有同步文档编辑功能的平台还有哪些？

三、练习题

（一）选择题

1. 下列不属于云存储产品的是（　　）。

　　A．腾讯微云　　B．百度网盘　　C．坚果云　　D．移动硬盘

2. 电子邮件地址的一般格式是（　　）。

　　A．用户名@域名　　　　　　B．域名@用户名

C．IP 地址@域名 　　　　　　D．域名@IP 地址名<mailto:域名@IP 地址名>

3．下列选项中，（　　）不可以用于在线协作编辑文档。

A．金山文档 　　　　　　B．腾讯文档

C．坚果云 　　　　　　D．记事本

4．常见的短视频平台不包括（　　）。

A．抖音 　　　　　　B．爱奇艺

C．快手 　　　　　　D．美拍

5．以下关于云存储的说法不正确的是（　　）。

A．易扩容 　　　　　　B．易管理

C．成本高 　　　　　　D．可量身定制

6．下列选项中，（　　）不可以提供远程操作。

A．TeamViewer 　　　　　　B．向日葵

C．远程桌面 　　　　　　D．抖音

（二）填空题

1．_____是一种电子手段提供信息交换的通讯方式，它是网络应用最广泛的服务之一。

2．_____是一种在线存储模式，即把数据存放在通常由第三方托管的多台虚拟服务器上，而非专属的服务器上。

3．Windows 操作系统自带的远程桌面默认端口是_____。

4．云存储是以_____为核心的云计算系统。

5．_____、_____和_____是云存储的 3 个主要用途。

（三）简答题

1．远程操作应用非常广泛，列举出 4 种远程操作的用途。

2．用于日常交流的网络信息发布平台有哪些？

3．使用云存储服务的风险有哪些？

4．列举出4种可以在线编辑文档的平台。

5．发布网络信息需要遵循的基本规范有哪些？

（四）判断题

1. 云存储非常安全，不用担心个人信息泄露。　　　　　　　　　　　（　　）
2. 利用网络进行聊天交流被称为网上聊天。　　　　　　　　　　　　（　　）
3. 坚果云可以实现多人同时编辑 Excel 表格和 Word 文档。　　　　　（　　）
4. 利用微信发布朋友圈信息，不用担心个人信息泄露。　　　　　　　（　　）
5. 为使用方便，远程控制管理不需要安全审核机制。　　　　　　　　（　　）
6. 人与人之间的交流越来越多地转移到了互联网上。　　　　　　　　（　　）

（五）操作题（写出操作要点，记录操作中遇到的问题和解决办法）

1. 利用 Windows 10 进行远程桌面连接。

2. 下载并使用坚果云同步个人计算机中的文件。

3. 使用金山文档建立多人在线编辑文档。

4. 在百度网盘上申请账号,使用其进行信息共享。

5. 申请一个电子邮箱账号,使用该账号发送邮件。

6. 建立班级课程学习微信群，进行学习交流。

四、任务考核

完成本任务学习后达到学业质量水平一的学业成就表现如下。

（1）会编辑、发布网络信息。

（2）会使用常见云存储产品进行信息发布。

（3）会使用电子邮箱、QQ 和微信等常用信息交流工具。

完成本任务学习后达到学业质量水平二的学业成就表现如下。

（1）会利用云平台工具进行同步共享文件夹和编辑文档。

（2）对接收、发布信息的内容导向有正确的判断能力。

任务 5　运用网络工具

◆ **知识、技能练习目标**

1. 初步掌握网络学习的类型、方式与途径，具备数字化学习能力；

2. 了解网络对生活的影响，能熟练应用生活类网络工具；

3. 会运用网络工具进行多终端信息资料的传送、同步与共享；

4. 能借助网络工具，多人协作完成任务。

◆ **核心素养目标**

1. 增强信息意识；

2. 增强网络工具使用意识；

3. 提高数字化学习与创新能力。

◆ **课程思政目标**

1. 合法使用网络工具；
2. 维护绿色网络环境。

一、学习重点和难点

1. 学习重点

(1) 利用网络工具辅助学习与生活；

(2) 利用多终端进行信息传送与共享。

2. 学习难点

(1) 多人网络协作；

(2) 云工具的应用。

二、学习案例

案例1：参加中国大学MOOC学习

小华想在课后寻找更多的学习资源以提升自己的专业技能，他决定在中国大学MOOC平台进行线上学习。

小华进入中国大学MOOC首页，通过首页进入用户注册页面并完成账号注册。他用新注册的账号成功登录中国大学MOOC平台，平台上课程众多、内容丰富，更有985高校课程在内的千余门课程，看得小华眼花缭乱。进入课程页面有课程的详情介绍，包括课程概述、课程大纲、预备知识、证书要求，以及众多学习者对课程的评价等。

经过一段时间的熟悉，小华对中国大学MOOC平台有了一定的了解，根据自己的喜好及课程的内容和用户评价选定了适合自己的课程。单击"立即参加"按钮进入课程内容的学习界面，内容包括评分标准、课件与视频、测验与作业、考试、讨论区等。小华利用自己的课后碎片时间通过中国大学MOOC平台的学习，使自己的知识与技能得到了很大的提升。

小华在深入思考以下问题：

(1) 参加网课学习，如何检验自己对知识的掌握情况？

(2) 参加网课学习时，如何才能保持高效率？

案例 2：网上购物

小华是个喜欢看书的人，会经常在书店买书。一次偶然的机会，小华从老师处得知，网络商城中书籍众多、种类丰富，而且方便购买。于是小华用妈妈的计算机，通过百度搜索卖书的网络商城。

通过搜索，小华发现当当商城、京东商城、淘宝商城、中国图书网等都可以买到书籍，他选择了当当商城，注册成为合法用户，并添加了收货地址。

在买书的过程中，小华发现付款的方式有很多种，对于自己这种没有网络支付能力的学生来说，既可以选择货到付款的方式，还可以找自己父母帮忙付款。就这样小华越来越习惯在网上买书。

小华在深入思考以下问题：

（1）不同的网络商城之间有差别吗？差别有哪些？

（2）自营店、专营店和旗舰店三者之间的区别是什么？

三、练习题

（一）选择题

1. 计算机操作系统提供用户共享（　　）资源功能。
   A．软件　　　　　　　　B．硬件
   C．软、硬件　　　　　　D．网络

2. 百度网盘不支持（　　）。
   A．文件预览　　　　　　B．视频播放
   C．快速上传　　　　　　D．免密获取

3. 不属于网上授课平台类型的是（　　）。
   A．软件类　　　　　　　B．公共类
   C．私有类　　　　　　　D．硬件类

4. 注册网络商场合法用户不需要的信息是（　　）。
   A．住址　　　　　　　　B．用户名
   C．密码　　　　　　　　D．手机号

5. 下列选项中，（　　）不是通信工具。
   A．QQ　　　　　　　　　B．微信
   C．钉钉　　　　　　　　D．优酷

6. 在网课视频学习中断后，下次可以（　　）继续学习。

　　A．从头　　　　　　　　B．选择内容

　　C．从断点　　　　　　　D．注册后

7. 如果需要多人同时编辑一个文档，则可以使用（　　）。

　　A．QQ 聊天　　　　　　B．腾讯文档

　　C．百度文库　　　　　　D．今日头条

8. 在同一局域网内的两台未连接互联网的计算机可以通过（　　）传送资料。

　　A．百度网盘　　　　　　B．共享功能

　　C．QQ　　　　　　　　D．抖音

（二）填空题

1. 信息技术将信息进行数字化的处理应用在教育领域，在这其中，人们能够感受到的是数字化的＿＿＿＿、＿＿＿＿、＿＿＿＿。

2. 相对传统学习活动，网络学习有 3 个特征，分别是可以＿＿＿＿丰富的网络化学习资源、以个体的自主学习和协作学习为主要形式、突破了传统学习的＿＿＿＿限制。

3. 互联网技术的发展和应用，催生了一种全新的＿＿＿＿消费方式。

4. 网上授课平台主要有＿＿＿＿、＿＿＿＿和＿＿＿＿3 种。

5. 私有类的网上授课平台不能满足＿＿＿＿的需要。

6. 在使用当当商城时，新用户首先需要＿＿＿＿。

7. 使用 Windows 自带的共享功能，可以实现信息资料的传送与＿＿＿＿。

8. 构成数字化学习能力的 3 个要素是＿＿＿＿、＿＿＿＿和＿＿＿＿。

（三）简答题

1. 网盘的优点有哪些？使用网盘应注意哪些问题？

2．网络对日常生活的影响有哪些？

3．现有的远程桌面工具有哪些？它们的优缺点是什么？

4．有哪些免费工具可以传送、同步和共享信息资料？

5．网络学习平台有哪些？它们的优缺点是什么？

6. 目前主流的搜索引擎有哪些？它们各自的优势是什么？

7. 如何选择适合自己的网络商城？如何辨别网络商城中商品的真伪，维护自己的合法权益？

（四）判断题

1. Windows 自带共享功能。　　　　　　　　　　　　　　　　　　　　　　　　（　　）
2. 网上支付、移动支付等都属于电子支付。　　　　　　　　　　　　　　　　　　（　　）

3．不是所有数字化的资料都可以进行网络传输的。　　　　　　　　（　　）

4．网课学习是特殊情况下获取知识的手段。　　　　　　　　　　（　　）

5．网盘无法同时上传多个文件。　　　　　　　　　　　　　　　（　　）

6．通信工具不能传输文件。　　　　　　　　　　　　　　　　　（　　）

7．网络商城中的商品一定没有实体店中的质量好。　　　　　　　（　　）

8．网上支付的安全性无法得到保障。　　　　　　　　　　　　　（　　）

（五）操作题（写出操作要点，记录操作中遇到的问题和解决办法）

1．收集网络商城资料，总结它们各自的特点，并选择一个网络商城完成账号注册。

2．注册一个自己的网盘账号，总结该网盘的功能特点，并上传自己的学习资料。

3. 利用不同的搜索引擎分别搜索学习资料，对比搜索结果。

4. 利用收集到的远程桌面工具分别进行远程连接，记录连接步骤与连接后的使用感受。

5. 利用 Windows 自带的共享功能，将自己的学习资料进行共享，同学尝试访问共享内容。

6. 利用已有的网课平台选择一门课程进行学习，总结学习内容与感受。

四、任务考核

完成本任务学习后达到学业质量水平一的学业成就表现如下。

（1）能利用网络工具熟练地进行网络课程的学习。

（2）能利用网络工具熟练地进行搜索和购物。

（3）能利用网络工具及 Windows 自带的共享功能进行信息资料的传输与共享。

完成本任务学习后达到学业质量水平二的学业成就表现如下。

（1）能举例说明网络发展对人们生活的影响。

（2）会利用网络完成工作任务，提高工作效率。

任务 6　了解物联网

◆ **知识、技能练习目标**

1．了解物联网的概念与发展，了解智能交通相关知识；

2．了解典型的物联网系统并体验其应用；

3．了解物联网的常见设备及软件配置。

◆ **核心素养目标**

1．增强信息意识；

2．发展信息整合思维；

3．提高信息数字化学习和创新能力；

4．增强社会责任感。

◆ **课程思政目标**

1．了解我国物联网的技术优势与应用优势，增强科技自信，明确责任担当；

2．培养工匠精神。

一、学习重点和难点

1．学习重点

（1）物联网技术发展；

（2）物联网典型应用。

2．学习难点

（1）物联网的整体架构设计；

（2）物联网的工作原理；

（3）数据处理与数据分析。

二、学习案例

案例1：智能家居

智能家居是在互联网影响下物联化的体现，是物联网在家庭中的基础应用，智能家居产品涉及方方面面。智能家居最基本的目标是为人们提供一个舒适、安全、方便和高效的生活环境。

小华的一个朋友家有许多智能设备，他一直想去参观，今天两人一起去朋友家。到家门口，朋友并没有掏钥匙，而是用手轻轻握住门把手，门就开了，进门后玄关和客厅的灯是亮着的，厨房的养生汤已经煲好，米饭也已经煮好。

到了客厅发现空调是开着的，而且温度刚刚好。电视旁的加温器正在工作，电视柜上的语音智能助手上显示屋内的温度、湿度、二氧化碳含量，以及日期、时间等信息，而家里的智能扫地机器人刚好做完清洁工作准备充电。

进入一个房间，百叶窗自动翻开，房间空调与新风系统自动启动，房间灯光自动调整到适当亮度。走出房间几秒后，空调自动关闭、灯光调暗直至熄灭。

朋友介绍，煲汤煮饭都是下班前过程控制完成的，空调与新风系统是自己到达车库时打开的，而灯光则是在开锁时才自动打开的。通过朋友的介绍，小华还了解到家中有安防系统，例如，在家中没人的情况下，有人闯入就会启动报警系统，远程提醒朋友。在智能设备的加持下，不仅安全方便，还节能环保。

小华在深入思考以下问题：

（1）现实生活中的智能家居设备有哪些？

（2）智能家居发展到现在还存在哪些问题？

案例2：智能交通

堵车已经成为人们生活中习以为常的事情，为了改善交通状况，某市在几个主要路口安装了智能信号灯。

小华像往常一样开车，发现往常拥堵的路口没那么拥堵了，而且红绿灯也不像之前那样固定时间，车辆较少的方向放行时间明显变短，车辆较多的方向放行时间有所加长。他还发现道路两旁的路牌上对主要干道的车辆情况及当前拥堵情况做了提示，并给出了拥堵路段的绕道建议，非常方便。

在行驶到一个十字路口等红绿灯时，小华听到了辅助行人过马路的声音信息。当红灯亮时，仍有人准备过马路，交通系统自动给予语音警示及教育，人性化地提醒行人遵守交通规则，同时路边的大屏显示器上显示出了闯红灯行人的违法照片。

小华回到家后，通过查阅资料得知，智能交通的应用场景很广，如新型智能交通信号灯系统、汽车车牌定位识别、低碳智能交通、自动驾驶、停车管理等，运用的技术涉及很多，远超大家的想象。

小华在深入思考以下问题：

（1）智能交通目前面临的挑战有哪些？

（2）智能交通对人们的日常生活有哪些影响？

三、练习题

（一）选择题

1. 射频识别技术属于物联网产业链的（　　）环节。

　　A. 标识　　　　　　　　　　B. 感知

　　C. 处理　　　　　　　　　　D. 信息传送

2. （　　）是物联网的基础。

　　A. 互联化　　　　　　　　　B. 网络化

　　C. 感知化　　　　　　　　　D. 智能化

3．物联网发展大致经历（　　）个阶段。

　　A．2　　　　　　　　　　　B．3

　　C．4　　　　　　　　　　　D．5

4．在物联网应用中主要涉及（　　）项关键技术。

　　A．2　　　　　　　　　　　B．3

　　C．4　　　　　　　　　　　D．5

5．不属于标准物联网系统层次架构的是（　　）。

　　A．感知层　　　　　　　　　B．网络层

　　C．传输层　　　　　　　　　D．应用层

6．标准物联网系统架构有3层组成，用于解决数据如何存储的是（　　）。

　　A．感知识别层　　　　　　　B．网络管理服务层

　　C．网络构建层　　　　　　　D．综合应用层

（二）填空题

1．我国已初步形成_____、_____、_____、_____四大智慧城市群。

2．物联网就是_____的互联网。

3．标准物联网系统架构大致分为3层，分别是_____、_____、_____。

4．物联网的网络层包括_____、_____。

5．感知层是物联网系统架构的第_____层。

6．物联网的_____和_____仍然是互联网。

（三）简答题

1．物联网的本质特征是什么？

2. 未来物联网的发展趋势如何？

3. 物联网的系统架构有哪 3 层？分别具有什么功能？

4. 简述智能交通的实现方式。

5. 什么是智慧城市？有哪些特征？

6. 什么是智能物流？

7. 智能医疗对人类健康有哪些帮助？

8. 智能家居的特点和好处有哪些？

（四）判断题

1. 条形码是可视传播技术。　　　　　　　　　　　　　　　　　　　　（　　）
2. 电子标签在本质上是一种物品标识的手段。　　　　　　　　　　　　（　　）
3. 物联网是在互联网的基础上的延伸和拓展。　　　　　　　　　　　　（　　）
4. 物联网的价值在于让物体拥有了智慧。　　　　　　　　　　　　　　（　　）
5. 网络层是物联网体系架构的第三层。　　　　　　　　　　　　　　　（　　）
6. 人物相联、物物相联是物联网的基本要求之一。　　　　　　　　　　（　　）

（五）操作题（写出操作要点，记录操作中遇到的问题和解决办法）

1. 收集物联网应用案例，说一说物联网技术对我国社会发展的促进作用。

2. 收集各类智能设备资料，设计出一个完整的智能家居生活环境。

3. 收集智能交通的相关资料，设计出一个理想的智能交通模型。

4. 收集家电类物联网终端设备资料，举例说明设备联网后的好处。

5. 收集智慧小区应用案例，说一说解决了哪些问题。

6. 收集车联网的相关资料，尝试对照实际应用说一说具体设备的功能。

四、任务考核

完成本任务学习后达到学业质量水平一的学业成就表现如下。

（1）能清晰地说明物联网技术的发展历程。

（2）能清晰地说明物联网所涉及的技术与典型应用。

（3）能清晰地说明目前物联网应用存在的不足。

完成本任务学习后达到学业质量水平二的学业成就表现如下。

（1）能描述物联网的系统架构，说明各层的具体功能。

（2）能搭建简单的智能家居应用场景。

第3章 图文编辑

本章共分 5 个任务，任务 1 通过学习创建和编辑 Word 文档，帮助学生熟练掌握文字编辑软件的基本操作和基本编辑技术。任务 2 通过 Word 文档文本格式操作，帮助学生掌握设置文字、段落和页面格式的能力。任务 3 通过学习制作表格，帮助学生掌握在 Word 文档中插入表格、设置表格格式、修饰表格及对表格中数据进行排序和计算等方法。任务 4 通过学习在 Word 文档中绘制图形，帮助学生熟练掌握绘制基本图形、流程图及组合图形，绘制公司组织结构逻辑图，使用 Word 提供的公式编辑器绘制数学公式。任务 5 通过培养版面设计等能力，帮助学生熟练掌握文档排版、生成目录、利用数据表格批量生成图文等方法。

任务 1 操作图文编辑软件

◆ **知识、技能练习目标**

1. 了解常用图文编辑软件及工具的功能特点并能根据业务需求综合选用；
2. 会使用不同功能的图文编辑软件创建、编辑、保存和打印文档，会进行文档的类型转换与文档合并；
3. 会对文档进行页面格式设置。

◆ **核心素养目标**

1. 增强获取信息和加工处理信息的能力；
2. 提高数字化学习能力；
3. 强化信息社会责任。

◆ **课程思政目标**

1．培养劳动习惯，践行劳动精神；
2．文明守信、弘扬优秀文化；
3．培养精益求精的工匠精神；
4．自觉践行社会主义核心价值观。

一、学习重点和难点

1．学习重点
（1）文档的基本编辑技术；
（2）文档页面格式设置。
2．学习难点
（1）插入图片和格式设置；
（2）文字的带格式替换。

二、学习案例

案例1：审阅文档

有同学请小华帮忙看一下自己的排版作业，小华认为使用"审阅"功能较好，既可以表明自己的观点，又能让同学有选择的余地。

利用Word的"审阅"功能，可以对文档中出现的拼写错误进行更正，也可以请别人帮助检查和修订文档，在别人完成修订后，自己可以根据需要选择接受或撤销别人的修改。掌握此功能操作，对高效率完成文档的校对、修订工作有极大的帮助作用。

操作提示：

（1）打开需要修订的文档。
（2）选择"审阅"选项卡，单击"拼写和语法"按钮，弹出如图3-1-1所示的对话框。

图3-1-1 "拼写和语法：英语（美国）"对话框

（3）根据提示建议，按照实际情况，可单击"更改"按钮接受更改，或者忽略建议。

（4）完成拼写和语法简单检查后，可对文档内容进行修改。选择"审阅"选项卡，单击"修订"组中的"修订"按钮，进入文档修订模式，此时"修订"按钮以黄色高亮显示，如图 3-1-2 所示。

（5）选中需要更改的文字内容，按需要进行编辑，编辑后的内容会以红色显示，完成后保存即可。

（6）打开修订后的文档，可以查看修改结果。选中红色文字，单击鼠标右键，弹出如图3-1-3所示的快捷菜单，单击"接受修订"菜单项，即可完成修订；若要拒绝，则单击"拒绝修订"菜单项。

图 3-1-2　文档修订模式　　　　图 3-1-3　快捷菜单

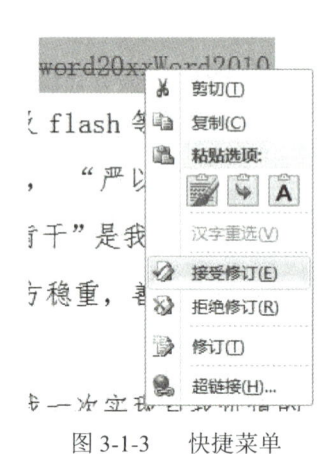

小华在深入思考以下问题：

（1）使用"审阅"修订文档的优点还有哪些？

（2）如何高效使用"审阅"功能进行文档修订？

案例 2：文字的查询及带格式替换

小华发现文档中经常出现多处同样的格式错误，一处一处修改既麻烦也容易出现疏漏，使用"带格式替换"功能则可以轻松解决问题。

利用 Word 的"查找和替换"功能，对文档中需要替换的文字进行查找，然后按照格式要求进行替换，可以在一篇文档中快速替换多处相同内容。

操作提示：

（1）打开需要替换文字内容的文档。

（2）选择"开始"选项卡，单击"替换"按钮，弹出如图 3-1-4 所示的对话框。

（3）在"查找内容"输入框中输入需要被替换的文字，在"替换为"输入框中输入替换的文字。

图3-1-4 "查找和替换"对话框

（4）依次单击"更多"→"格式"按钮，展开如图 3-1-5 所示的快捷菜单，可以根据需要对替换的文字进行格式设置，如单独设置字体、样式等。

图3-1-5 展开快捷菜单

小华在深入思考以下问题：

（1）文档中都有哪些内容可以进行替换操作？
（2）执行替换操作时需要注意哪些问题？

三、练习题

（一）选择题

1. Word 是（　　）。
   A．文字编辑软件　　　　　　B．播放软件
   C．硬件　　　　　　　　　　D．操作系统

2. 在 Word 中,"常用"工具栏中的"保存"按钮相当于(　　)。

    A．"文件"菜单中的"保存"命令

    B．"文件"菜单的"另存为"命令

    C．"Ctrl+C"组合键

    D．"Alt+S"组合键

3. 在 Word 的工作窗口中不包括(　　)。

    A．快速访问工具栏　　　　B．标题栏

    C．编辑区　　　　　　　　D．主题

4. 在 Word 中,想用更多形式的模板建立新的文件,正确的操作是单击(　　)。

    A．常用工具栏中的"新建"按钮

    B．"文件"菜单中的"新建"按钮

    C．"文件"菜单中的"打开"命令

    D．以上操作无一正确

5. 在 Word 中,工具栏的显示和隐藏是通过(　　)菜单实现的。

    A．查看　　　　　　　　　B．视图

    C．编辑　　　　　　　　　D．格式

6. 在 Word 中,可以利用(　　)键获得系统帮助。

    A．Esc　　　　　　　　　　B．Ctrl+F1

    C．F1　　　　　　　　　　　D．Enter

7. Word 文档的默认扩展名是(　　)。

    A．.docx　　　　　　　　　B．.pptx

    C．.xlsx　　　　　　　　　　D．.txt

8. 在 Word 中编辑的文档不可以保存为下列(　　)格式。

    A．Word 文档　　　　　　　B．Html 文档

    C．Excel 文档　　　　　　　D．纯文本

9. "Delete"键在编辑文档时的作用是(　　)。

    A．删除光标所在处的字符　　B．删除光标前的字符

    C．删除光标后的字符　　　　D．删除光标所在的行

10. 在 Word 中,页面设置可以通过单击_____菜单中的"页面设置"命令弹出的对话框来设置。

    A．文件　　　　　　　　　　B．编辑

    C．视图　　　　　　　　　　D．格式

（二）填空题

1．在 Word 中可以使用_____和_____对话框来添加边框。

2．页边距是_____和_____之间的距离。

3．Word 视图可以直接看到文档的外观、图形、文字、_____、_____等，显示出_____和_____，还可以对页眉页脚进行编辑。

4．格式工具栏上标有"U"图形按钮的作用是使选定对象_____。

5．设置 Word 文档的版面规格，可以单击"文件"菜单项中的_____命令。

6．在 Word 中，拖动标尺上的倒三角可设定_____。

7．Word 的窗口组成有_____、_____、_____、标尺栏、状态栏、编辑区、滚动条、任务窗格等。

8．在 Word 中，复制的组合键是_____。

9．按"Ctrl+V"组合键的作用是_____。

10．用户设置工具栏按钮显示的命令在_____菜单中。

（三）简答题

1．Word 的主要功能是什么？

2．启动 Word 的方法有哪几种？

3．文档的"保存"和"另存为"功能的区别是什么？

4．简述文档的"查找"和"替换"操作。

5．在编辑 Word 文档的过程中，如何切换"改写"与"插入"状态？这两种状态有何区别？

6. 如何选中不连续的文本？

7. 在删除文本时，按"Delete"键和"Backspace"键，结果有何不同？

8. 执行"复制→粘贴"操作和"剪切→粘贴"操作，结果有何不同？

9. 使用文字处理软件编辑文档时会出现侵权行为吗？为什么？

（四）判断题

1. 文字效果选项卡用于设置文字的动态效果。　　　　　　　　　　　（　　）
2. 在 Word 中，修改字体格式之前，必须选定待设文字。　　　　　　（　　）
3. Word 能将一篇文章分栏，但只能分两栏。　　　　　　　　　　　（　　）
4. 要将一个段落分成两段，可以按"Shift+Enter"组合键。　　　　　（　　）
5. 插入图片首先要做的是将光标定位在文档需要插入图片的位置。　　（　　）
6. 在 Word 中，艺术字的填充颜色不能被改变。　　　　　　　　　　（　　）
7. 在 Word 中不能画图形，只能插入来自文件的图片。　　　　　　　（　　）
8. 要实现段落的左缩进，可使用"格式"菜单中的"段落"设置。　　　（　　）
9. 在 Word 中，插入的页码只有一种格式。　　　　　　　　　　　　（　　）

（五）操作题（写出操作要点，记录操作中遇到的问题和解决办法）

1. 新建一个 Word 文档，输入自己的个人简历，并以自己的名字命名文件。

2．为个人简历文档设置打开密码，以保护个人隐私。

3．对文档中出现同样的格式错误，使用"带格式替换"功能解决问题。

4．利用 Word 的"查找和替换"功能，对文档中需要替换的文字进行查找，然后按照格式要求进行替换。

5．利用 Word 的"审阅"功能，对文档中出现的拼写错误进行更正。

四、任务考核

完成本任务学习后达到学业质量水平一的学业成就表现如下。

（1）能清晰列举常用的图文编辑软件，并能说明其功能和特点。

（2）会合理选择图文编辑软件。

（3）能熟练使用图文编辑软件编辑文档。

（4）会使用图文编辑软件的文档校对和修订功能，完成文档审阅。

（5）会对文档加密，保护信息安全。

完成本任务学习后达到学业质量水平二的学业成就表现如下。

（1）能够对比不同软件，说明选用图文编辑软件的合理性。

（2）能够针对同一编辑操作，说明使用 WPS 和 Word 的异同。

任务2 设置文本格式

◆ 知识、技能练习目标

1．会设置文字、段落和页面格式；
2．能使用样式，进行文本格式的快捷设置。

◆ 核心素养目标

1．增强信息意识；
2．发展计算思维；
3．提高数字化学习能力。

◆ 课程思政目标

1．了解使用样式模板的重要性，强化规矩意识；
2．了解版面格式要求，培育符合社会主义核心价值观的审美标准。

一、学习重点和难点

1．学习重点
（1）文字、段落的格式设置；
（2）页面的设置；
（3）在文档中插入要求样式的页眉页脚。
2．学习难点
（1）合理设置文字、段落和页面；
（2）合理设置页眉页脚。

二、学习案例

案例1：在文档中使用页眉页脚

小华通过学习知道在文档中使用页眉页脚，不但可以对文档版面有一定美化效果，也能对文档内容进行强调说明，他决定试着给一篇文档添加页眉页脚。

利用"页眉和页脚"功能，在论文文档中添加页码和页眉。首页不显示页码，目录页页码格式为罗马字符"Ⅰ,Ⅱ,Ⅲ…"样式，正文页页码样式为数字"1,2,3…"样式；页眉居中插入"毕业论文"。

操作提示：

（1）打开Word文档。
（2）选择"插入"选项卡，单击"页眉和页脚"组中的"页眉"按钮，弹出Word内置的页眉样式列表，如图3-2-1所示。
（3）选择第一个"空白"样式，进入页眉编辑状态，在"输入文字"处输入"毕业论文"，添加页眉后的效果如图3-2-2所示。
（4）单击"关闭"组的"关闭页眉和页脚"按钮，退出页眉和页脚编辑状态，完成页眉编辑。可以看到，页眉呈灰色显示，此时为不可编辑状态。
（5）将光标分别放在"封面页"和"目录页"的最后一行，选择"页面布局"选项卡，单击"页面设置"组中的"分隔符"按钮，在展开的下拉列表中选择分节符的"下一页"菜单项，插入一个分节符，如图 3-2-3 所示。

图3-2-1　内置的页眉样式列表

图 3-2-2　添加页眉后的效果

（6）选择"插入"选项卡，单击"页眉和页脚"组中的"页码"按钮，在展开的下拉列表中选择"页面底端"菜单项，在下级列表中选择"普通数字 2"样式，如图 3-2-4 所示。

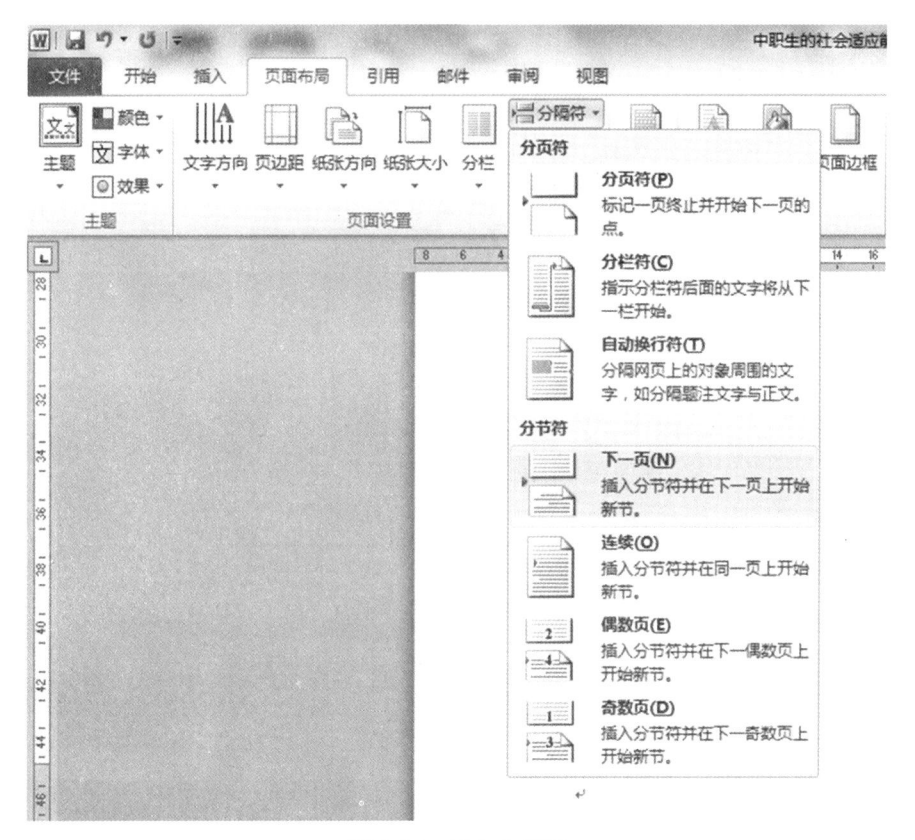

图 3-2-3　插入分节符

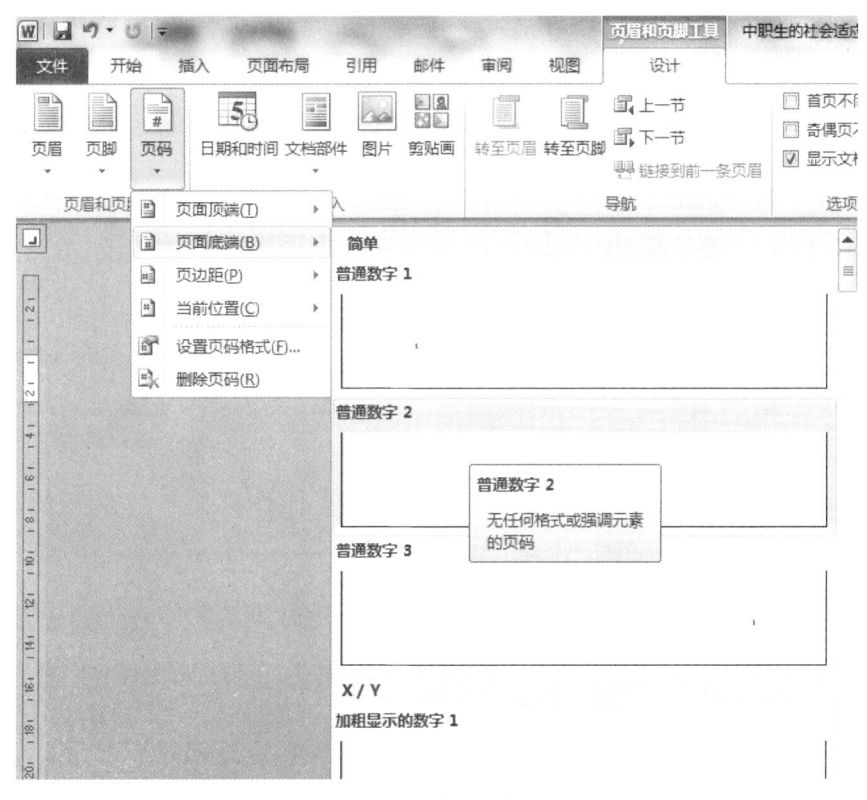

图 3-2-4　插入页码

（7）选中"目录页"的页码，选择"页眉和页脚"组中的"页码"按钮，在展开的下拉列表中选择"设置页码格式"，弹出"页码格式"对话框，在"页码格式"对话框中选择"Ⅰ，

Ⅱ，Ⅲ，…"的编号格式，在"页码编号"区域选中"起始页码"单选按钮，如图3-2-5所示，单击"确定"按钮。

图3-2-5 设置页码格式

（8）选中"正文页"第一页的页码，选择"页眉和页脚"组中的"页码"按钮，在下拉列表中选择"设置页码格式"选项，弹出"页码格式"对话框，在"页码格式"对话框中选择"1，2，3，…"的编号格式，在"页码编号"区域选中"起始页码"单选按钮，单击"确定"按钮。

（9）选中"封面页"页码，选择"选项"组中的"首页不同"复选框，单击"关闭"组中的"关闭页眉和页脚"按钮，完成封面页为无页码，目录页为罗马页码，正文页为数字页码的设置。

小华在深入思考以下问题：

（1）页眉页脚都允许添加哪些内容？

（2）如何利用页眉页脚强化页面中的核心内容？

案例2：公文格式排版

合理设置字形、字号、段落间距可以使版面美观，作为机关单位发布的公文有哪些版面规定，是小华迫切要弄明白的问题。

标题一般用2号小标宋体字，分一行或多行居中排布；回行时，要做到词意完整、排列对称、长短适宜、间距恰当，标题排列应当呈现梯形或菱形结构。

正文一般用3号仿宋体字，每个自然段左空二字，回行顶格。文中结构层次序数依次可以用"一、""（一）""1.""（1）"标注；一般第一层用黑体字、第二层用楷体字、第三层和第四层用仿宋体字标注。一般公文中标题行距为28磅。正文及其他使用单倍行距。

如有附件，在正文下空一行左空二字编排"附件"二字，后标全角冒号和附件名称。如有多个附件，使用阿拉伯数字标注附件顺序号（如"附件：1.××××××"）；附件名称后不加标点符号。附件名称较长需要回行时，应当与上一行附件名称的首字对齐。

单一机关行文时，在正文（或附件说明）下空一行、右空二字编排发文机关署名，在发文机关署名下一行编排成文日期，首字比发文机关署名首字右移二字，如成文日期长于发文机关署名，应当使成文日期右空二字编排，并相应增加发文机关署名右空字数。

成文日期中的数字：用阿拉伯数字将年、月、日标全，年份应标全称，月、日不编虚位（即1不编为01）。

页码一般用4号半角宋体阿拉伯数字，编排在公文版心下边缘之下，数字左右各放一条一字线；一字线上距版心下边缘7mm。单页码居右空一字，双页码居左空一字。公文的版记页前有空白页，空白页和版记页均不编排页码。公文的附件与正文一起装订时，页码应当连续编排。

小华在深入思考以下问题：

（1）这样的要求能够适用的环境有哪些？

（2）一般的文档能够按照这样的格式排版吗？为什么？

三、练习题

（一）选择题

1. 在Word中，段落排版可以利用（　　）菜单中的（　　）对话框来完成。

    A．格式，字符

    B．格式，段落

    C．工具，选项

    D．表格，自动套用格式

2. 在Word中，把段落的第一行向右移动两个字符，正确的操作是使用（　　）。

    A．"格式"菜单中的"字体"命令

    B．标尺上的"首行缩进"游标

    C．"格式"菜单中的"项目与符号"命令

    D．以上都不是

3. 在文档中插入一张图片，正确的菜单命令是（　　）。

    A．视图　　　　　　　　B．插入

    C．工具　　　　　　　　D．窗口

4. Word中，在打印文档之前，想看一看编排的效果，可以单击（　　）。

    A．"文件"菜单中的"打印预览"命令

    B．"常用"工具栏中的"打印"图标

C．"插入"菜单中的"分隔符"命令

D．"编辑"菜单中的"全选"命令

5．Word中的"查找和替换"功能位于（　　）。

　　A．"常用"工具栏中　　　　B．"视图"菜单中

　　C．"工具"菜单中　　　　　D．"编辑"菜单中

6．能显示页眉页脚的视图方式是（　　）。

　　A．Web版式视图　　　　　B．页面视图

　　C．大纲视图　　　　　　　D．阅读视图

7．Word段落标记的位置在（　　）。

　　A．段落的首部　　　　　　B．段落的尾部

　　C．段落的中间位置　　　　D．段落中，但用户无法看到

8．（　　）不是"格式"菜单中"字体"选项的功能。

　　A．定义为粗体　　　　　　B．加下画线

　　C．文字的字间距　　　　　D．文字的行间距

9．用Word打开文档A1.doc，然后将文档以A2.doc为名进行"另存为"操作，这时（　　）。

　　A．A1.doc是当前文档

　　B．A1.doc和A2.doc两个文档全被关闭

　　C．A2.doc是当前文档

　　D．当前文档由用户指定

10．编辑Word文件时误删了一大段文本，则（　　）。

　　A．无法恢复

　　B．可用"常用"工具栏上的"撤销"按钮恢复

　　C．可用"粘贴"命令恢复

　　D．可用"常用"工具栏上的"重复"按钮恢复

（二）填空题

1．在Word中，给选定的段落、表单元格、图文框及图形四周添加的线条称为＿＿＿＿＿＿，添加的背景称为＿＿＿＿＿＿。

2．设置字体格式时，可以分别对中文字体和＿＿＿＿＿＿进行设置。

3．在Word文档中插入一个图形文件，可以使用"插入"菜单项中＿＿＿＿＿＿选项卡中的"来自文件"命令。

4．在Word中，要在文档中使用项目符号和编号，可以使用＿＿＿＿＿＿菜单项中的＿＿＿＿＿＿和＿＿＿＿＿＿命令。

5．纸张的大小、页边距确定了_____。

6．在 Word 中，要为文档自动加上页码，可以使用_____菜单项中的"页码…"命令。

7．在 Word 中，调整行距可使用"格式"菜单项中的_____命令。

8．在选项卡的功能区中可以设置页面的水印、_____、_____和_____等。

9．在文档排版过程中，可以对奇数页和_____设置不同的页眉。

10．段落格式主要包括段落对齐、_____、_____、_____和段落的修饰等。

（三）简答题

1．使用"开始"选项卡中的"字体"组功能可以对文本进行哪些设置？

2．使用"开始"选项卡中的"段落"组功能可以对文本进行哪些设置？

3．如何将一段文字的格式恢复到默认状态？

4．格式刷的作用是什么？

5．如何把默认一页多两行的文字内容显示在一页中？请说出至少两种方式。

6．分页符的作用是什么？如何使用分页符？

7．分节符的作用是什么？有哪几种分节符？

8．什么是样式？不使用样式和使用样式的差别是什么？

9．文本格式编辑和段落排版，分别包括哪些操作？

（四）判断题

1．在 Word 中，可以对字体添加不同样式的下画线。（　　）
2．在 Word 中，可以对字体添加不同样式的删除线。（　　）

3．可以使用缩放功能加大或缩小文字间距。　　　　　　　　　　（　　）

4．在 Word 中，允许使用非数字形式的页码。　　　　　　　　　（　　）

5．行距是指两行之间的距离。　　　　　　　　　　　　　　　　（　　）

6．项目编号只能自动创建。　　　　　　　　　　　　　　　　　（　　）

7．Word 具有自动分页的功能。　　　　　　　　　　　　　　　 （　　）

8．只能够将一段文字进行栏宽相等的分栏。　　　　　　　　　　（　　）

9．"水印"是一种页面背景。　　　　　　　　　　　　　　　　（　　）

（五）操作题（写出操作要点，记录操作中遇到的问题和解决办法）

1．设置个人简历中的字体、段落，使其更美观。

2．在不影响美观的情况下，设置个人简历的页边距，尽可能地节约纸张。

3．为个人简历添加一张封面，文字内容为"个人简历"，要求使用艺术字，竖向排列、居中对齐。

4．为个人简历正文部分添加页码，以罗马数字格式居中显示。

5．为个人简历添加页眉，内容为"HUA XIAO"，居中显示。

四、任务考核

完成本任务学习后达到学业质量水平一的学业成就表现如下。

（1）会参照给定样式完成文字、段落和页面设置。

（2）会使用系统给定样式完成格式设置。

完成本任务学习后达到学业质量水平二的学业成就表现如下。

（1）会根据文档内容选择适当的版面格式，完成文字、段落和页面设置。

（2）会创建满足特定要求的样式。

任务 3　制作表格

◆ **知识、技能练习目标**

1．会选用适用软件或工具制作不同类型的表格并设置格式；

2．会进行文本与表格的相互转换。

◆ **核心素养目标**

1．发展数据思维；

2．增强信息意识；

3．提高创新能力。

◆ **课程思政目标**

1．学习奥运精神，努力拼搏、奋勇争先；

2．树立民族自豪感和自信心，深化爱国主义情怀。

一、学习重点和难点

1．学习重点

（1）制作、修饰表格；

（2）表格数据计算；

（3）表格与文本相互转换。

2．学习难点

（1）设置表格框线；

（2）选择适用工具。

二、学习案例

案例1：表格内外框线设置不同的样式

第 24 届冬季奥林匹克运动会于 2022 年 2 月 4 日至 2022 年 2 月 20 日在中华人民共和国北京市和张家口市举行。这是中国历史上第一次举办冬季奥运会，北京、张家口同为主办城市，也是中国继北京奥运会、南京青奥会后，中国第三次举办的奥运赛事。

2 月 20 日，北京冬奥会所有竞赛项目都已圆满结束，中国代表团最终以 9 金 4 银 2 铜的成绩位列奖牌榜第三位。本届冬奥会，中国代表团的金牌数、奖牌数和奖牌榜排名均创造了我国 1980 年参加冬奥会以来的最佳成绩。小华觉得自己之前制作的奖牌榜表格框线形式较为单一，他尝试为表格设置多样式的表格框线。参考要求：外框线样式设置为双实线、黑色、1.5 磅；内框线样式设置为单实线、黑色、0.5 磅；第一行下框线样式设置为单实线、黑色、1.5 磅。修改后的 2022 年冬奥会奖牌榜如表 3-3-1 所示。

表 3-3-1 2022 年冬奥会奖牌榜

排名	国家/地区	金牌	银牌	铜牌	总计
1	挪威	16	8	13	37
2	德国	12	10	5	27
3	中国	9	4	2	15
4	美国	8	10	7	25
5	瑞典	8	5	5	18
6	荷兰	8	5	4	17
7	奥地利	7	7	4	18
8	瑞士	7	2	5	14
9	俄罗斯奥运队	6	12	14	32
10	法国	5	7	2	14
11	加拿大	4	8	14	26
12	日本	3	6	9	18
13	意大利	2	7	8	17

为使该表格呈现得更加直观，小华通过插入图表的方式制作了 2022 年冬奥会奖牌榜的簇状柱形图，如图 3-3-1 所示，以及各国获得金牌饼图，如图 3-3-2 所示。

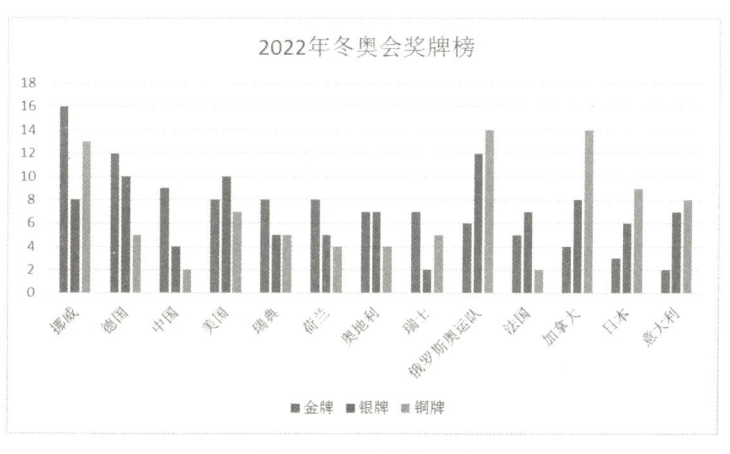

图 3-3-1 簇状柱形图

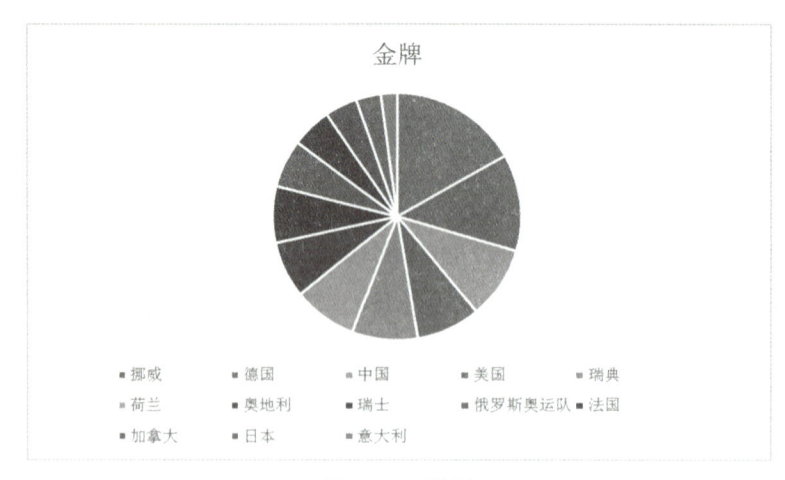

图 3-3-2 饼图

小华在深入思考以下问题：

（1）底纹如何设置？添加哪些内容才能使表格更美观？

（2）"总计"列如何用公式计算？各页顶端如何设置以标题行形式重复出现？

案例 2：了解表格

小华想借助学习制表的机会，全面了解表格的概念。

表格又称为表，既是一种可视化交流模式，也是一种组织整理数据的手段。表格是指按所需的内容项目画成格子，分别填写文字或数字的书面材料，使用表格便于统计查看。表格由一行或多行单元格组成，用于显示数字和其他项以便快速引用和分析。表格中的项被组织为行和列。表头一般指表格的第一行，指明表格每一列的内容和意义。

人们在通信交流、科学研究以及数据分析活动中广泛采用各种各样的表格。各种表格常常会出现在印刷介质、手写记录、计算机软件、建筑装饰、交通标志等地方。使用环境不同，描述表格的术语也会有所变化。此外，在种类、结构、灵活性、标注法、表达方法以及使用方面，不同的表格之间也不相同。在各种书籍和技术文章中，表格通常带有编号和标题，以强化说明文章的正文部分。

由于表格具备版面简洁、内容明了、易操作等特点，因此，能使用表格表现的内容尽量不使用大段文字进行描述。

国内最常用的表格处理软件有 WPS 办公软件等，使用电子表格软件可以方便处理和分析日常数据。

小华在深入思考以下问题：

（1）在什么情况下更适合使用表格？

（2）使用表格时应注意哪种问题？

三、练习题

(一) 选择题

1. 在 Word 中,用"表格"菜单中的"插入表格"命令插入表格,以下说法正确的是( )。

    A. 只能是 2 行 3 列

    B. 不能套用格式

    C. 不能调整列宽

    D. 可自定义表格的行、列数

2. 有关 Word 表格中文本格式化的正确说法是( )。

    A. 不能用"格式"工具栏的居中按钮

    B. 不能用"格式"菜单中的"字体"命令

    C. 不能改变字间距

    D. 以上都错误

3. 在 Word 表格中,删除斜线需使用( )。

    A. "表格"菜单中的"删除斜线"命令

    B. "表格和边框"工具栏中的"擦除"图标

    C. "绘制表格"按钮

    D. 按"Enter"键

4. 在 Word 表格中,选定整张表的正确方法是( )。

    A. 按"Alt+/"组合键

    B. 双击表格中的任意位置

    C. 单击"表格"菜单中的"选定表格"命令

    D. 鼠标左键三击表格中的任意位置

5. 在 Word 表格中,要想对某一行中的数据求和,则可利用"表格"菜单中的( )命令。

    A. 公式 B. 选定行

    C. 设置 D. 表格自动套用格式

6. 在 Word 中,使用"表格"菜单中"合并单元格"的功能( )。

    A. 只能将两个单元格合并为一个单元格

    B. 只能将三个单元格合并为一个单元格

    C. 只能将三个以上单元格合并为一个单元格

    D. 可将多个单元格合并为一个

7. 在Word表格中，计算表格中某列数值的总和，可使用的统计函数是（　　）。

　　A．Sum(　)　　　　　　　　B．Total(　)

　　C．Count(　)　　　　　　　D．Average(　)

8. 表格样式只能应用于（　　）。

　　A．光标所在单元格　　　　B．选定的单元格

　　C．整个表格　　　　　　　D．整个文本

9. 选定Word表格中的某一行或某一列后，可以删除该行或该列的操作是（　　）。

　　A．单击剪切按钮

　　B．按空格键

　　C．按"Ctrl+Delete"组合键

　　D．按"Delete"键

（二）填空题

1. 在Word中，可以通过插入表格、_____表格和_____转换成表格等方法创建表格。

2. 在表格工具的"设计"选项卡中可以设置表格的_____、_____和_____。

3. Word中的表格提供了_____和计算功能。

4. 文本转换成表格可使用"插入"选项卡中的"表格"下拉按钮打开的_____命令；表格转换成文本可使用"布局"选项卡中的_____命令。

5. 在表格中将一列数字相加，可使用自动求和按钮，其他类型的计算可使用表格菜单中的_____命令。

6. 在Word表格中删除选定的单元格时，可以使用"表格"菜单中的_____命令。

7. 在Word表格中，可以对多条件进行排序，步骤是打开"排序"对话框，设置好_____、_____、_____等内容后单击"确定"按钮。

8. 在Word中，对表格内数据计算时，需要将_____定位到存放结果的单元格中。

9. 在Word表格中，数据计算有3种常用方法，分别是_____、_____、_____。

10. Word的"表格属性"对话框中有"表格""行""列""单元格""可选文字"等5个选项卡，其中设置表格的文字环绕方式使用_____选项卡，设置顶端标题行使用_____选项卡，设置表格中文字的垂直对齐方式使用_____选项卡。

（三）简答题

1．说出 3 种以上在 Word 中插入表格的方法。

2．在 Word 的表格中，如何对内外框线设置不同的样式？

3．在 Word 的表格中，如何对数据进行排序？

4．在 Word 的表格中，如何对单元格中数据进行计算？

5．如何将 Word 中的表格转换成文本？

6．在 Word 中，如何将文本转换成表格？

7．文字分隔符的作用是什么？

8．在 Word 的表格中，如何制作斜线表头？

9．在 Word 的表格中，如何对不同的列设置不同宽度？

（四）判断题

1．在 Word 中可以插入表格，而且可以对表格进行绘制、擦除、合并和拆分单元格、插入和删除行列等操作。（   ）

2．"格式刷"功能对表格样式有效。（   ）

3．在 Word 中，表格底纹设置只能设置整个表格底纹，不能对单个单元格进行底纹设置。（   ）

4．合并单元格时，单元格中的数据会丢失。（   ）

5．将一个单元格拆分为上下两个单元格后，原单元格中的内容在下方单元格中。（   ）

6．将一个单元格拆分为左右两个单元格后，原单元格中的内容在左侧单元格中。（   ）

7．Word 中的表格可以有多个标题行。（   ）

8．Word 中的表格可以进行填充操作。（   ）

9．在 Word 中拆分表格时，当前行是新表格的首行。（   ）

（五）操作题（写出操作要点，记录操作中遇到的问题和解决办法）

1. 制作自己班级本学期的成绩表。

2. 对成绩表进行修饰，设置不同内外框线及首行下框线、首列右框线。

3. 对成绩表进行修饰，添加美观大方、易于查看的底纹，对首行首列添加深色底纹。

4. 为每个同学计算总成绩和平均分。

（提示：计算完一个同学总成绩后，可将光标移至下一个同学总成绩单元格，然后按"F4"键即可计算出总成绩。）

5. 以总成绩为依据，对成绩表进行降序排序。

四、任务考核

完成本任务学习后达到学业质量水平一的学业成就表现如下。

（1）了解表格制作工具，会使用表格工具制作常用表格。

（2）会设置常用表格格式，会将给定文本转换成表格。

完成本任务学习后达到学业质量水平二的学业成就表现如下。

（1）会根据需要合理选用表格制作工具。

（2）会设计满足特定需要的表格。

任务 4　绘制图形

◆ **知识、技能练习目标**

1．能绘制简单图形；
2．会使用常用工具软件或插件绘制数学公式、图形符号、示意图、结构图、二维和三维模型等图形。

◆ **核心素养目标**

1．具有图形设计的初步意识；
2．具有图形化标识数据的能力。

◆ **课程思政目标**

1．爱岗敬业，强化职业道德；
2．认真做事，培养工匠精神。

一、学习重点和难点

1．学习重点
（1）绘制简单图形；
（2）制作数学公式；
（3）制作二维、三维模型图。
2．学习难点
（1）制作 SmartArt 图形；
（2）制作数学、物理等公式。

二、学习案例

案例 1：制作八大行星轨道图

小华一直对天文很感兴趣，他想了解恒星是由什么组成的？太阳系八大行星是怎么命名的？月球为什么离地球这么近？月球上真有的嫦娥吗？月球上面发生了什么故事？在班主任的推荐下，他参加了学校的天文兴趣小组。在老师和小组同学们的帮助下，小华增长了许多天文知识。他终于知道了八大行星的名字来历，例如，金星是一颗类地行星，跟地球很像。

因此常被称为地球的姊妹星。金星在中国古代称为太白、明星,因其早晨经常出现于东方称启明,晚上又常出现于西方称长庚。在司马迁著作《史记·天官书》中,因实际观测发现太白为白色,并与"五行"学说联系在一起,正式将它命名为金星。小华还了解到我国已经先后多次发射"嫦娥"探测器登陆月球表面。2020年11月,嫦娥五号对着陆区的现场进行调查和分析,开启了我国首次外天体采样返回之旅。通过课外小组的学习,小华萌生了制作行星绕日的图片和中国探月工程规划图的想法,他决定用Word绘制图形工具进行绘制。

小华使用"插入"→"形状"中的椭圆绘制行星的轨道,用圆形绘制太阳和行星,在圆形中填入不同颜色来代表不同的行星,如图3-4-1所示。

图 3-4-1　八大行星轨道图

小华使用"插入"→"形状"中的流程图制作中国探月工程规划图,如图3-4-2所示。

图 3-4-2　中国探月工程规划图

125

小华在深入思考以下问题：

（1）要进一步表现出星体的质感，有什么好的方法？

（2）如何绘制思维导图？

案例 2：图形和图像

小华通过学习，理解了图形和图像的区别。

图形用一组指令集合来描述图形内容，是由外部轮廓线条构成的矢量图，即由计算机绘制的直线、圆、矩形、曲线、图表等。图形具有可任意缩放而不会失真的特点，显示时使用专门软件将描述图形的指令转换成屏幕上的形状和颜色。图形的数据量比较小，主要用于描述轮廓简单，色彩不丰富的对象，如几何图形、工程图纸、CAD、3D 造型等。

图像由排列的像素组成，在计算机中的存储格式有 BMP、PCX、TIF、GIFD、JPEG 等，图像的数据量一般比较大，可以表现复杂绘画的某些细节，并具有灵活和富有创造力等特点。

小华在深入思考以下问题：

（1）如何用工具软件绘制出一幅幅精美的画作？

（2）如何用简单图形制作出复杂图形？

三、练习题

（一）选择题

1. 在 Word 中，不能直接在下列对象中添加文字的是（　　）。

   A．图片　　　　　　　　　　B．文本框

   C．使用绘图工具绘制的椭圆　D．使用绘图工具绘制的矩形

2. 关于插入艺术字，下列说法正确的是（　　）。

   A．插入艺术字后，可以改变艺术字的大小，但不可以移动其位置

   B．插入艺术字后，既可以改变艺术字的大小，也可以移动其位置

   C．插入艺术字后，既不可以移动艺术字的位置，也不可以改变其大小

   D．插入艺术字后，可以移动艺术字的位置，但不可以改变其大小

3. 在 Word 中，设计一份包含公式的数学试卷，需要使用（　　）操作。

   A．插入图片　　　　　　　　B．插入符号

   C．插入公式　　　　　　　　D．插入编号

4. 在 Word 中，当鼠标指针变成（　　）时，可以调整图形大小。

   A．十字形　　　　　　　　　B．双向箭头

C．单向箭头　　　　　　　　D．圆形

5．在 Word 2016 文档中插入 SmartArt 图形，可选择（　　）选项卡。

　　A．开始　　　B．对象　　　C．插入　　　D．文件

6．插入一个矩形形状后，在矩形内部输入文字，应在输入文字的位置（　　）。

　　A．单击鼠标左键　　　　　　B．双击鼠标左键

　　C．单击鼠标右键　　　　　　D．双击鼠标右键

7．使用（　　）命令可以把若干个形状形成一个整体。

　　A．对齐　　　　　　　　　　B．组合

　　C．置于顶层　　　　　　　　D．置于底层

8．制作一个公司的组织结构图，可以使用（　　）完成。

　　A．插入图片　　　　　　　　B．插入 SmartArt 图形

　　C．插入图标　　　　　　　　D．插入图表

（二）填空题

1．在 Word 中，可以设置图形格式，包括图形的颜色、_____、效果、_____等。

2．在 Word 文档中插入图片、图形对象时，可以将图片、图形等对象放置在_____中。

3．在 Word 图形中添加文字，可以右键单击该图形，然后使用_____命令。

4．在 Word 中，微移画出的箭头或直线，可使用_____组合键。

5．在 Word 中，SmartArt 提供了七类逻辑图表，分别为列表、_____、循环、_____、关系、矩阵和_____。

6．Word 提供了绘制图形的功能，可以在文档中绘制各种线条、_____、箭头、_____、星、旗帜、标注等。

7．在 Word 中，图形叠放次序包括置于顶层、_____、上移一层、_____。

8．在 Word 中，图形与文字的环绕关系可以是嵌入型、四周型、_____、_____、衬于文字上方、_____。

（三）简答题

1．列举两种以上在 Word 图形中添加文字的方法，说一说它们的不同之处。

2. 简述在 Word 中插入绘图画布的操作步骤。

3. 简述在 Word 中制作流程图的操作步骤。

4. 在 Word 中，使用 SmartArt 图形制作组织结构图的方法是什么？

5. 在 Word 中，如何调整图形的叠放次序？

6. 在 Word 中，如何将多个图形合并成一个图形？

7. 简述使用图形工具绘制一个苹果的步骤。

8. 简述在 Word 中制作特定公式的方法。

（四）判断题

1. 在 Word 中，不可以对插入的内置公式进行编辑。　　　　　　　　　（　　）
2. 在 Word 中插入公式后，无法调整公式的大小。　　　　　　　　　　（　　）
3. 在 Word 中，可以使用插入"形状""SmartArt"等来绘制各种图形。　（　　）
4. 在 Word 中，图形不可以随文字移动。　　　　　　　　　　　　　　（　　）
5. 在 Word 中，图形的位置可以在页面上固定。　　　　　　　　　　　（　　）
6. 在 Word 中，插入的图形不可以调整大小。　　　　　　　　　　　　（　　）
7. 在 Word 中，不可以对图形中的文字设置格式。　　　　　　　　　　（　　）
8. 逻辑图表可用来表示对象之间的从属关系、层次关系等。　　　　　　（　　）
9. 在 Word 中插入新公式后，应该通过"公式工具"中"设计"选项卡对公式进行编辑。

（　　）

（五）操作题（写出操作要点，记录操作中遇到的问题和解决办法）

1. 使用 Word 中插入形状的功能，制作自己学校的校徽。

2. 制作学校的新生报到流程图。

3. 使用 SmartArt 图形制作所在专业和班级的组织架构图。

4. 制作一张月亮绕着地球转的轨道图。

5. 在 Word 中编辑公式 $y = \dfrac{-b \pm \sqrt{b^2 - 4ac}}{2a} + \dfrac{a}{b} \times \dfrac{c}{d}$

四、任务考核

完成本任务学习后达到学业质量水平一的学业成就表现如下。

（1）会制作符合要求的平面图形。

（2）会制作符合需要的圆柱、圆锥、圆球体、立方体等立体图形。

（3）会制作高中阶段的数学公式。

完成本任务学习后达到学业质量水平二的学业成就表现如下。

（1）会使用简单图形制作旗帜、花朵、水果等复杂图形。

（2）会使用系统工具制作三维模型。

任务5　编排图文

◆ 知识、技能练习目标

1. 会使用目录、题注等文档引用工具；
2. 会应用数据表格和相应工具自动生成批量图文内容；
3. 了解图文版式设计基本规范，会进行文、图、表的混合排版和美化处理。

◆ 核心素养目标

1. 发展计算思维；
2. 提高综合排版能力。

◆ **课程思政目标**

1．强化职业道德；
2．提高审美能力，自觉践行社会主义核心价值观。

一、学习重点和难点

1．学习重点
（1）目录、题注等工具的使用；
（2）批量图文处理；
（3）图、文、表混合排版。

2．学习难点
（1）图、文、表版面的合理性设置；
（2）高效批量图文处理。

二、学习案例

案例1：制作论文文稿目录

小华想利用 Word 中目录的功能，给论文文档制作目录。

制作论文文档除了需要对文档进行文字的基本编辑，还需要按照要求为文档制作目录。

操作提示：

（1）打开"科学计算可视化在辅助教学方面的应用"文稿，对论文内容进行字体和字号的基本格式编辑。

（2）选中正文中的 1 级标题，依次单击"开始"→"标题 1"选项，将正文中的 1 级标题设置为 1 级目录，如图 3-5-1 所示。

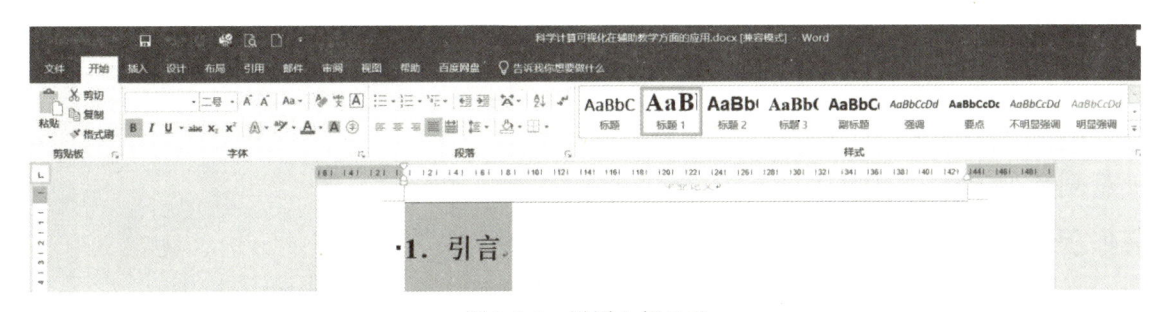

图 3-5-1　设置 1 级目录

（3）按同样的方法依次将正文中同级别的标题设置为目录 1 级。
（4）参照设置 1 级目录的方法将正文中的 2 级标题设置为 2 级目录。

（5）将光标定位在"目录页"，依次单击"引用"→"目录"→"自动目录1"选项，结果如图3-5-2所示，目录自动生成。

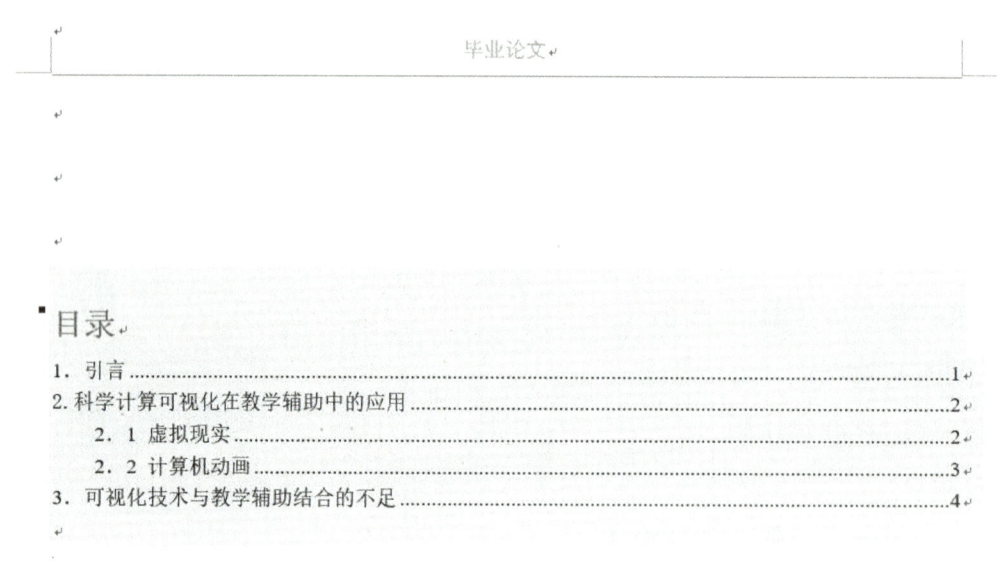

图 3-5-2　自动生成的目录

（6）右键单击目录，在弹出的快捷菜单中，可以对目录进行字体、段落的设置，完成设置后单击"确定"按钮即可。

（7）当正文内容有改动时，右键单击目录，在弹出的快捷菜单中，单击"更新域…"菜单项，打开"更新域"对话框，根据需要选择目录的更新方式。

小华在深入思考以下问题：

（1）Word可以对哪些内容进行排版？

（2）除Word外，还有哪些排版工具？

案例2：批量制作贺卡

正月也称元月，古人称"夜"为"宵"，称正月十五为"元宵节"。元宵节习俗有猜灯谜、吃元宵等。元宵节将至，小华想邀请一些同学到他家里玩，大家共同做元宵、品元宵。为了表达诚意，小华想制作一批具有传统特色的元宵节贺卡，并在贺卡上加上祝福和邀请的语句。首先小华收集了同学的个人信息，制作成"贺卡通讯录.xlsx"文件，然后使用"邮件合并"功能批量制作贺卡。

操作提示：

（1）打开"贺卡"文稿模板，首先插入图片并将图片设置为置于文字下方。然后插入文字框，输入祝福语句及邀请的内容，如图3-5-3所示。

（2）单击"邮件"选项卡。

图 3-5-3 元宵贺卡

（3）将光标定位在文字"您好"前，依次单击"开始邮件合并"→"信函"选项。

（4）依次单击"选择收件人"→"使用现有列表"选项，打开"选取数据源"对话框，选中"贺卡通讯录.xlsx"文件。选择"Sheet1$"选项，单击"确定"按钮。

（5）依次单击"插入合并域"→"姓名"选项，将数据源中"姓名"列数据插入。

（6）依次单击"合并到新文档"→"编辑单个文档"选项，弹出"合并到新文档"对话框。选中"全部"单选按钮，单击"确定"按钮，Word 会自动生成新文档。新文档中批量生成了以模板为基础，包含贺卡通讯录"姓名"中所有名字的贺卡。

小华在深入思考以下问题：

（1）批量制作文档除上述方法外还有哪些方法？

（2）哪些工作可以使用类似的操作来完成？

三、练习题

（一）选择题

1. 在 Word 中，下列关于图文混排的描述不正确的是（　　）。

　　A．图片可以放在页面的任何位置

　　B．用户可以调整艺术字的大小

　　C．文本框必须放置在文字内容的中间

　　D．可以将用户自己绘制的图形、艺术字、文本框进行组合

2. 根据文件的（　　），可以识别文件的类型。

　　A．扩展名　　　　　　　　B．用途

C．大小　　　　　　　　　　D．文件名

3．要将 Word 文档中选定的文本复制到其他文档中，可首先（　　）。

　　A．按"Ctrl+E"组合键

　　B．按"Ctrl+C"组合键

　　C．按"Ctrl+V"组合键

　　D．按"Ctrl+Z"组合键

4．在 Word 中，要使不相邻的两段文字互换位置，可进行（　　）操作。

　　A．剪切+复制　　　　　　B．剪切+粘贴

　　C．剪切　　　　　　　　　D．复制+粘贴

5．在 Word 中，按一下"Delete"键可删除（　　）。

　　A．插入点前两个字符　　　B．插入点前所有字符

　　C．插入点后一个字符　　　D．插入点后所有字符

6．在 Word 中，要插入一张外部的图文格式，（　　）格式不能直接插入到文档。

　　A．JPG　　　　　　　　　B．PNG

　　C．BMP　　　　　　　　　D．PDF

7．在文档中生成目录，应在（　　）选项卡中进行。

　　A．审阅　　　　　　　　　B．视图

　　C．插入　　　　　　　　　D．引用

8．不属于图形文件名后缀的是（　　）。

　　A．.pic　　　　　　　　　B．.png

　　C．.tif　　　　　　　　　D．.rtf

（二）填空题

1．对 Word 文档中的图片等对象进行描述，可以使用_____。

2．在 Word 中生成目录的基本操作有_____、设置标题（样式）级别和_____3 步。

3．在 Word 文档中，自动生成目录后，如果标题的文字内容发生更改，则应进行_____操作，以保证标题内容与目录内容一致。

4．邮件合并功能可以对信函、_____、信封、_____目录等进行批量操作。

5．对 Word 文档中的关键字进行单独地列表并标明其所在页页码，可以使用_____。

6．对 Word 文档中的引文制作目录，可以使用_____功能。

(三)简答题

1. 图文编排的主要目的是什么？

2. 图文编排主要使用到 Word 中的哪些功能？

3. 对长文档生成目录，需要有哪些准备工作？

4. 在长文档生成目录时，手动目录和自动目录的区别是什么？

5. 简述对长文档生成目录的步骤。

6. 在使用邮件合并功能批量生成图文前，需要有哪些准备工作？

7. 根据案例 2 的操作提示，简述批量生成图文的步骤。

8. 简述使用"邮件合并分步向导"批量生成图文的方法。

（四）判断题

1. 在进行邮件合并操作时，必须预览结果。　　　　　　　　　　　　　（　　）
2. 进行邮件合并操作，不能替换模板中的已有文字。　　　　　　　　　（　　）
3. 在进行邮件合并操作时，数据源的格式只能是 Excel 表格。　　　　　（　　）
4. 添加项目符号，需要先选中要添加项目符号的文本。　　　　　　　　（　　）
5. 生成目录前要对标题级别进行设置。　　　　　　　　　　　　　　　（　　）
6. 批量制作图文需要有数据源。　　　　　　　　　　　　　　　　　　（　　）

（五）操作题（写出操作要点，记录操作中遇到的问题和解决办法）

1. 制作学校运动会的宣传海报。

2. 对论文进行图文编排，并自动生成目录。

3. 制作一份兴趣社团的入会个人简介。

4. 帮助学校招生办的老师批量制作录取通知书。

四、任务考核

完成本任务学习后达到学业质量水平一的学业成就表现如下。

(1) 会生成指定文档的目录。

(2) 会使用样式、快捷设置进行排版。

(3) 会进行文、图、表混合排版。

完成本任务学习后达到学业质量水平二的学业成就表现如下。

(1) 会按照图文版式基本规范排版。

(2) 会合理编排文、图、表版面，且颜色搭配恰当。

反侵权盗版声明

电子工业出版社依法对本作品享有专有出版权。任何未经权利人书面许可，复制、销售或通过信息网络传播本作品的行为；歪曲、篡改、剽窃本作品的行为，均违反《中华人民共和国著作权法》，其行为人应承担相应的民事责任和行政责任，构成犯罪的，将被依法追究刑事责任。

为了维护市场秩序，保护权利人的合法权益，我社将依法查处和打击侵权盗版的单位和个人。欢迎社会各界人士积极举报侵权盗版行为，本社将奖励举报有功人员，并保证举报人的信息不被泄露。

举报电话：（010）88254396；（010）88258888

传　　真：（010）88254397

E-mail：　dbqq@phei.com.cn

通信地址：北京市万寿路 173 信箱

　　　　　电子工业出版社总编办公室

邮　　编：100036